新编21世纪高等职业教育精品教材
电子与信息类



# 信息可视化设计

主　编◎王丹丹
副主编◎钱慧慧　赵文勇

中国人民大学出版社
·北京·

# 前言

信息可视化是一种强大的数据表现方式，可以将复杂的数据和信息以直观、易于理解的图形、图像或动画等形式展现出来，帮助人们更好地理解和分析数据。在当今数据爆炸的时代，信息可视化的应用越来越广泛，它已经成为各行各业数据分析和决策的重要工具。

本书的编写理念和项目案例源自编者长期的教学实践和总结。编者曾和加拿大谢尔丹学院曾宪权教授合作讲授“信息可视化”课程，深入研究信息可视化设计的方法与策略，书中的项目案例和知识点多源于此次合作经历。

本书共有 9 个项目，项目 1 至项目 3 主要阐述了信息可视化相关概念、可视化思维以及可视化设计流程，让学生了解信息可视化基础知识。项目 4 至项目 8 是本书的重点，内容设置以主题实践项目为基础，每个项目按照从理论讲解到实践训练，再到优秀案例鉴赏的思路编写，力求让学生能够真正掌握信息可视化设计方法和技巧。项目 9 侧重信息可视化应用和发展，为学生进一步深入学习信息可视化提供思路与参考。主编王丹丹负责教材整体结构和内容的规划与设计，项目 2 至项目 8 的撰写以及统稿工作；副主编钱慧慧负责项目 1、项目 9 的撰写以及书中部分图表的设计；副主编赵文勇对教材进行全面审核。

本书以项目实践教学训练为主线，提供了大量优秀的信息可视化案例和获奖作品，展示了可视化在不同领域的应用，注重对学生处理信息的素养、设计能力及团队协作等综合素质的培养。本书涉及知识面广、简单易读，是理论与实践结合的信息可视化设计教材，既适用于数字媒体技术和艺术类相关专业学生，也可作为教师日常参考用书。

党的二十大报告指出，推进文化自信自强，铸就社会主义文化新辉煌。本书以习近平新时代中国特色社会主义思想为指导，将红色文化资源、中华优秀传统文化及非遗文化等元素融入教材，激发文化创新创造的活力，引导学生在获取知识的同时，形成坚定的文化自信。

为了方便教学，本书配套了电子资源，学生可以扫描书中的二维码观看学习。另外，智慧职教 MOOC 平台提供了本书配套数字资源，为教师开展线上线下混合式教学提供参考。在本书编写过程中，我们很荣幸展示了深圳信息职业技术学院数字媒体技术专业学生的大量优秀作品。这些作品不仅极大地丰富了教材内容，还为读者提供了生动的实例与宝贵的视角。在此，感谢所有学生的支持与帮助。由于编者的视野和水平有限，书中难免存在疏漏或不妥之处，敬请广大读者批评指正。

编者

2024 年 12 月

# 目录

# 项目 1 认识信息可视化

## 任务 1.1 信息可视化的概念

知识微课堂：
信息可视化概念

### 1.1.1 信息可视化的定义

长久以来，人们获取外界信息的方式有视觉系统、听觉系统、嗅觉系统、味觉系统和触觉系统等。其中，视觉系统是人类获取外界信息最主要的方式之一，它通过眼睛接收和神经处理外部信息，并将其转化为人们可以理解的图像、形状、颜色等信息。视觉系统在信息处理速度和效率方面超越其他感官系统，使得视觉呈现方式在信息传递中更易于被理解和接受。这就是在信息设计和可视化领域，视觉呈现方式被广泛应用的原因。

信息可视化是由斯图尔特·卡德、约克·麦金利和乔治·罗伯逊于 1989 年提出的，它是一个跨学科领域，旨在研究大规模非数值型信息资源的视觉呈现，如软件系统中的文件或者程序代码，以及利用图形学的技术与方法帮助人们理解和分析数据。

信息可视化是利用视觉元素（如静态图表、动画或者交互系统等）将数据转化为易于理解和分析的形式的过程。它旨在通过视觉元素来表达数据中的模式、趋势和关系，帮助人们更轻松地理解和分析数据，从而更快地做出决策。

### 1.1.2 数据、信息和信息图

信息可视化离不开数据和信息，数据、信息、信息图和信息可视化之间是什么关系呢？

数据是指未经处理的原始事实和数字，它通常是无序的、杂乱的，需要经过加工和分析才能转化为有用的信息。图 1-1（a）表示一堆杂乱无序的线条数据。

信息是对数据进行加工和解释后得出的有用知识和理解，它提供了一种有意义的结构来解释数据，以便更好地理解和使用数据。图 1-1（b）将线条分为直线和曲线两类信息。

信息图是一种将数据和信息以图形或视觉呈现的方式，以帮助人们更好地理解和分析信息。它可以是图表、地图、图形等形式，通过色彩、形状、位置等视觉元素来展示和传达信息。图 1-1（c）将直线和曲线视觉化表达，使线条更加有秩序感。

（a）　　　　（b）　　　　（c）

图 1-1　数据、信息与信息图之间的关系

因此，数据、信息和信息图之间存在明显的区别，但它们之间又有着密切的关系。数据是信息的基础，信息是数据的加工和解释，而信息图则是将数据和信息以视觉方式呈现的工具，以帮助人们更好地理解和使用信息。它们之间相互依存、相互促进，共同构成了信息可视化这一重要领域。

### 1.1.3 信息可视化与信息设计

信息可视化和信息设计都是将信息以视觉化的形式呈现，然而，两者有所不同。信息可视化侧重于数据分析和可视化技术的运用，强调通过图表、图形等形式来清晰、准确地呈现数据，让人们更容易理解和分析数据，如统计图分析、数据仪表盘等。信息设计侧重于视觉传达和美学设计的运用，强调通过设计、排版、颜色等元素来营造视觉效果，让人们更容易接受和记忆信息。信息设计的目的是让信息更具吸引力和可读性，如信息图、海报、宣传册、广告等。

信息可视化和信息设计也有共同点，那就是它们都需要关注受众的需求和目的。在信息可视化中，设计的选择也会影响数据的可读性和解释性。同样，在信息设计中，数据的呈现也需要考虑视觉效果和美学设计的原则。因此，信息可视化和信息设计可以相互交织和融合，以创建更具影响力和吸引力的视觉化信息。

## 任务 1.2 信息可视化的起源与发展

知识微课堂：
信息可视化起源与发展

### 1.2.1 信息可视化的起源

#### 1. 洞穴壁画

许多人认为穴居人是最早的信息图表设计师。他们最先将日常生活以图形方式记录。

其中最有名的是法国拉斯科洞窟中的动物壁画，其也是美术史上最早的绘画记录之一，距今已有约 1.5 万年的历史。洞内总共有近 1 500 多个岩石雕刻和 500 余幅绘画。壁画主要描绘了许多动物，包括牛、马、熊、狼、鹿、野猪、猎豹、犀牛、猛犸象等。其中最著名的是绘有牛群的“牛洞”，画面中大约有 150 头牛。图 1-2 是拉斯科洞窟中的动物壁画，画面以动物形象为轮廓，风格粗犷，表现了早期人类对于周围生物的观察和认知。动物壁画并非简单描绘，而是将动物与环境、人物结合起来，表现出生物之间的关系。例如：有些画描绘了猎人追赶野猪的场景，展现了早期人类的狩猎生活；还有一些画表现了动物的互动，比如狼与鹿的互动，展现了生态系统中动物之间的关系。这些图画除了使用木炭涂抹出的黑色外，还使用彩色土壤及石头研磨调制的红色和黄色等颜色，呈现出生动的色彩。法国拉斯科洞窟中的动物壁画是早期人类文化和艺术的珍贵遗产，不仅展现了当时人类对于周围自然环境和生物的认知，还为人类文化和艺术发展研究提供了重要的线索。

**图 1-2　拉斯科洞窟中的动物壁画**

### 2. 古埃及象形文字

古埃及象形文字（见图 1-3）是古埃及人使用的正式书写系统化的符号，可以追溯到公元前 3000 年。这些文字之所以被称为“象形文字”，是因为它们代表了人、动物、物品等事物。通过这种方式，古埃及人记录了他们的历史、宗教信仰、法律和文化传统等方面的信息。

图 1-3　古埃及象形文字

### 3. 古希腊陶瓷绘画

古希腊人在陶器上使用图案和符号来记录信息，如图 1-4 所示。这些图案和符号被称为“陶瓷绘画”，通常用于装饰陶器和其他陶瓷制品。在这些绘画中，古希腊人记录了许多信息，包括神话故事、历史事件、日常生活和艺术作品等。陶瓷绘画成为研究古希腊文化和历史的重要资料之一。

图 1-4　古希腊陶瓷绘画

### 4. 中国甲骨文

人们通常会利用图像来帮助记忆和传递信息，但是随着社会的发展，信息增多以及信息复杂度提高，单纯的图画已经无法满足人们的需求。因此，人们开始逐渐从图画中抽象出符号和表意元素，形成了更加高效、灵活的象形文字。这些文字可以更快速、准确地传递信息，成为人们交流和记录知识的重要工具。

甲骨文是中国商代晚期至西周时期使用的一种文字记录系统，如图 1-5 所示。它是在龟甲和兽骨上刻写文字，主要用于卜辞、祭祀、历法、官职、财产等方面的记录。甲骨文的发现和研究对于研究中国古代历史、文化和语言等方面具有重要的意义。

甲骨文是通过对实物、动物、人物等图画和符号的简化和演化而来的。随着社会的发展，这些文字的局限性逐渐显现，因此人们开始探索更加高效、灵活的文字形式。其中，表音文字主要依靠音节或音素来表达语言，如希腊字母、拉丁字母等；表意文字则主要依靠符号和组合来表达语言，如汉字的部首和偏旁、日本汉字假名等。这些文字的出现和发展极大地促进了人类文明的发展和交流。

图 1-5　甲骨文

## 1.2.2 信息可视化的发展

18 世纪开始，信息可视化开始形成科学、普适的方法论，苏格兰著名政治经济学家威廉·普莱费尔开创了图形统计方法，他提出了三种标准化的数据可视化方法，即线形图、条形图、饼状图，这三种方法沿用至今，并发展出多种变化形式。在《商业与政治图解集》中，他创造性地使用条形图来表示国家的进出口差异，如图 1-6 所示。

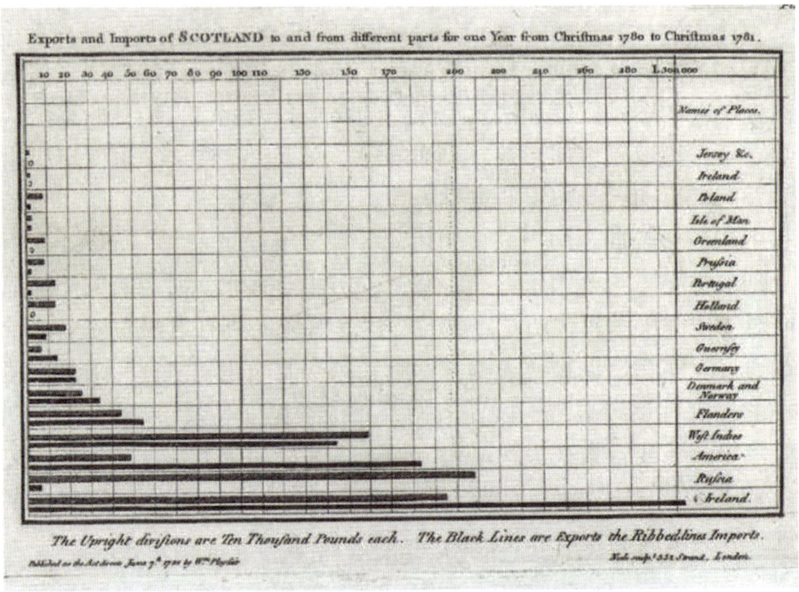


**图 1-6 普莱费尔使用条形图来表示国家间的进出口差异**

英国地理学家和统计学家查尔斯·布斯在 19 世纪末期创作了著名的红色地图——伦敦地图，如图 1-7 所示。这是一幅基于伦敦地区的贫困程度的可视化地图，为人们提供了一个理解社会问题的新视角。

**图 1-7 伦敦地图**

20 世纪初期，信息可视化开始被应用于图书馆和信息科学领域。20 世纪中期，计算机技术的快速发展推动了信息可视化的革新和发展，出现了计算机图形学、虚拟现实、人机交互以及人工智能等新技术。这些新技术使得信息可视化更加直观、交互性更强，为人们提供了更加高效、准确的信息展示和表达方式。

随着互联网、社交媒体和大数据技术的发展，信息可视化已成为处理和展示数据的重要手段。商业数据分析、科学研究、新闻报道等领域都需要信息可视化来更好地呈现数据。同时，人工智能和机器学习等新技术也为信息可视化的发展提供了新的可能。图 1-8 是某学院校园概况的动态展示，通过数据大屏展示与交互，用户可以对该学校有更深入的了解。

图 1-8 某学院校园概况

## 1.2.3 信息可视化典型案例

信息可视化不仅使展示内容更加生动形象，而且提高了读者对信息的记忆和理解程度，为读者提供了更加全面、直观的阅读体验。信息可视化典型案例有《山海经》、达·芬奇设计手稿、拿破仑东征图以及南丁格尔玫瑰图。

《山海经》是中国古代地理志的代表作之一，内容涉及大量的地理和生物信息。由于内容较为深奥，书中引入了插图，以直观的方式呈现书中的山川地貌、人物鬼神、禽兽怪鸟等，增强了可读性，如图 1-9 所示。这种图文并茂的展示方式可以理解为早期的信息图。

达·芬奇是中世纪文艺复兴时期的三杰之一，他拥有广博的知识和深刻的思想，精通绘画、解剖学、机械学、数学和生物学等，被誉为人类历史上的天才。除传世名画《蒙娜丽莎》和《最后的晚餐》外，他还留下了 6 000 多页的手稿，涉及几何、工程、建筑、机械等多个领域。达·芬奇的手稿中包含许多惊人的发明和创新，如初级机器人、首创的心脏

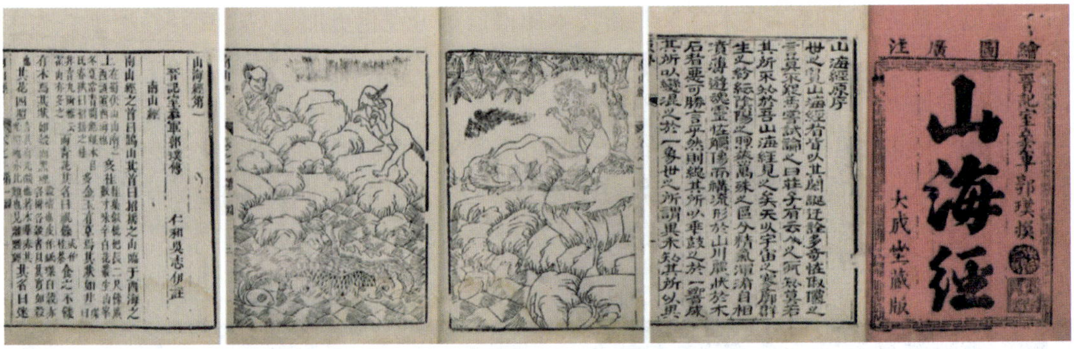


图 1-9　《山海经》

修复手术方法、自制的飞行器以及主持修建的卓越水利设施等。这些手稿充分展示了达·芬奇卓越的科学和工程才能，以及对人类科技进步的贡献。图 1-10 是达·芬奇的心脏解剖图手稿，也可以理解为早期的信息图。

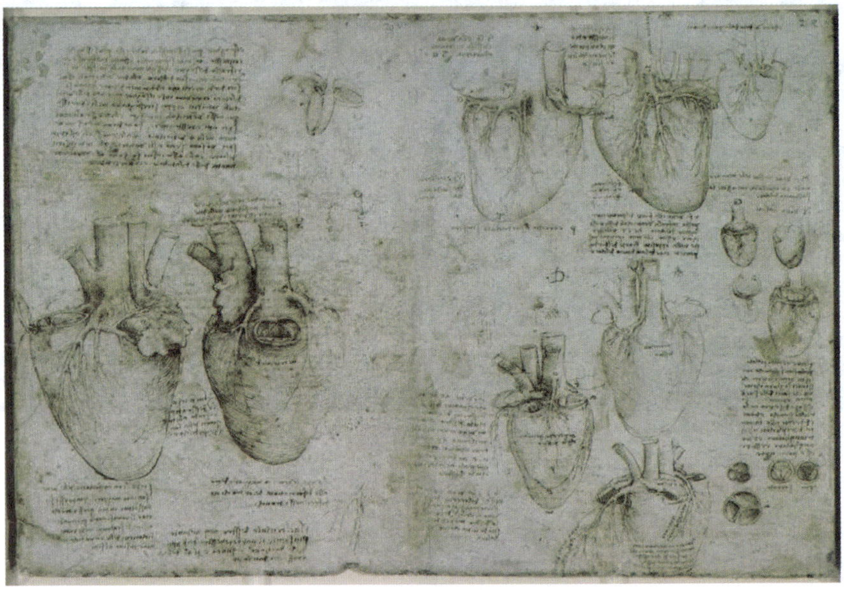

图 1-10　达·芬奇心脏解剖图手稿

拿破仑东征时期的军事地图（拿破仑东征图）被视为信息可视化的先驱之一，是为了帮助拿破仑军队与俄罗斯对战而绘制的。图 1-11 详细展示了拿破仑军队的数量、行进的路程、行进方向、特定日期或事件的位置。此图生动地展现了在战争、地理环境和极寒气候的影响下，拿破仑军队人数从 42.2 万减少到仅剩 1 万的惨烈情况。这张图被信息设计师爱德华·塔夫特评为“可能是有史以来最好的统计图形”。

南丁格尔玫瑰图是由英国护士和统计学家南丁格尔在 19 世纪 60 年代开发的一种图表，用来展示克里米亚战争中士兵死亡率。南丁格尔使用玫瑰花瓣的形式来呈现数据，将士兵死亡率按照月份分成 12 个部分，每个部分大小表示该月死亡人数，如图 1-12 所示。整个图形看起来像一朵玫瑰花，因此被称为“南丁格尔玫瑰图”。

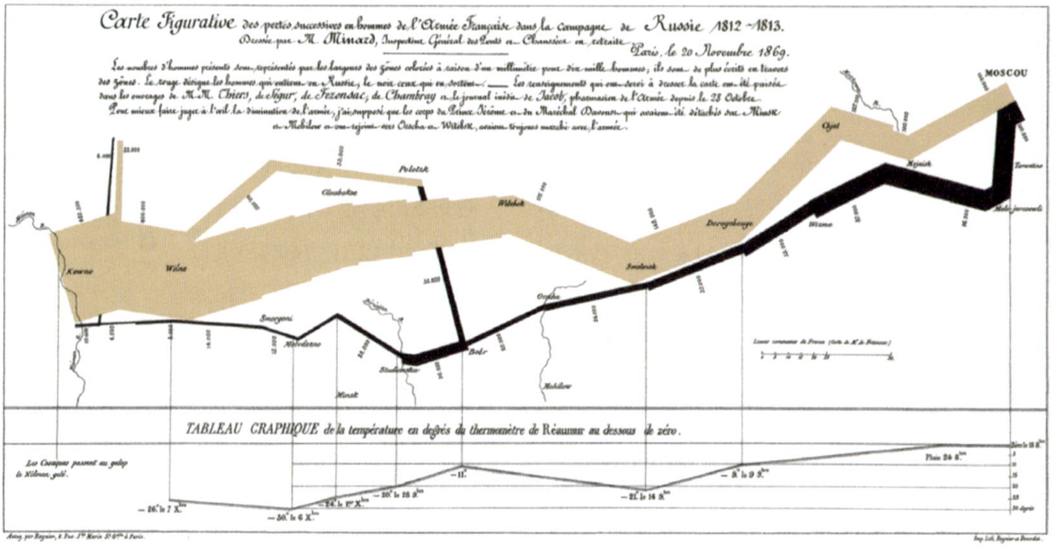


图 1-11　拿破仑东征图

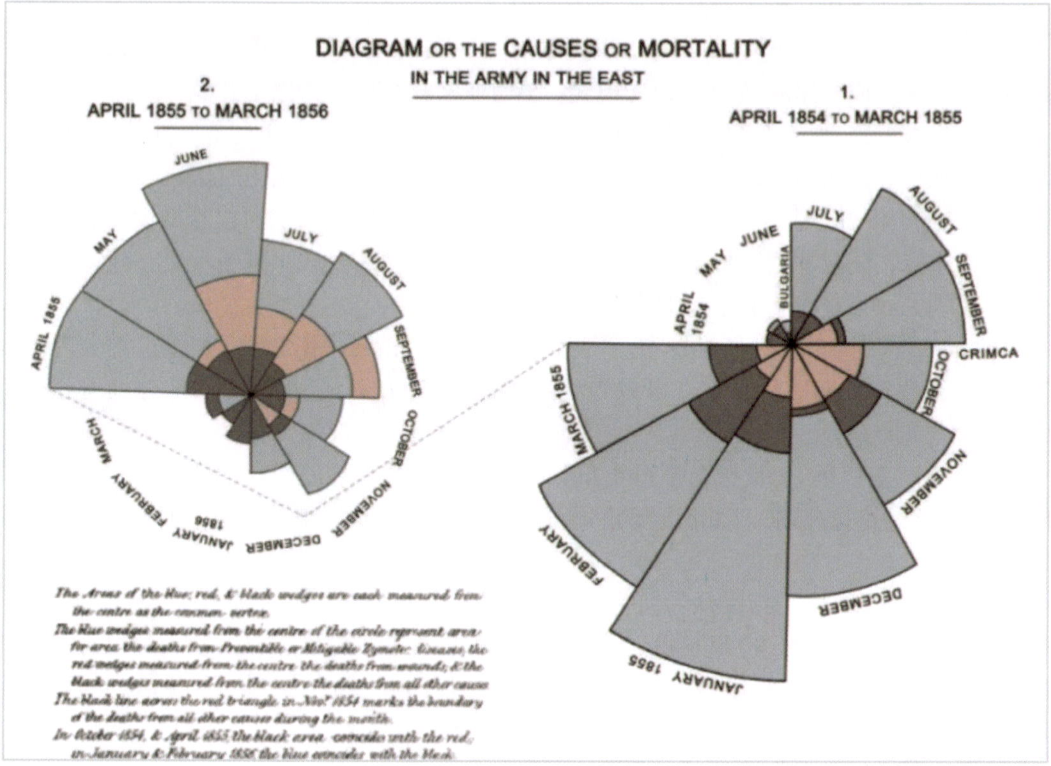


图 1-12　南丁格尔玫瑰图

南丁格尔玫瑰图的创新之处在于它直观地展示了数据的变化趋势和季节性变化，并强调了卫生条件和医疗护理的重要性，对当时医院改革和公共卫生事业的发展产生了深远的影响。至今，南丁格尔玫瑰图仍被广泛应用在数据可视化领域，成为展示周期性数据和趋势的有效方式之一，也是可视化统计学经典案例之一。

# 任务 1.3 可视化交叉学科理论

信息可视化是一个交叉学科领域，融合了多个学科和领域的理论和方法，如传播学、统计学、心理学、设计学等。通过将这些不同领域的知识结合起来，信息可视化可以更好地呈现和传达数据信息，帮助人们更好地理解和分析信息。

知识微课堂：
可视化交叉学科理论

## 1.3.1 传播学

传播学是研究人类信息传播行为及其规律的学科，其核心是传播过程中的三个要素——传播者、信息和受传者。传播者发送信息后，会从受传者那里获得反馈信息，以便调整下一步的传播行为，以达到最佳传播效果。尽管表面上受传者是被动的，但他们在处理接收的信息时会表现出选择意向，并通过各种方式向传播者发出反馈信息，因此传播者和受传者总是处于相互作用的过程中。

1932 年，美国政治学家拉斯韦尔最早提出一套 5W1H 传播模式，后经人们不断运用和总结，逐渐形成一套成熟的 5W1H 模式。5W1H 模式主要分为以下几点：

（Who，谁），是指信息可视化的受众群体是谁。由于不同受众具备不同的知识储备、生活习惯和喜好，因此明确受众群体可以帮助设计者确定信息可视化风格。

（What，什么），是指信息可视化想要达到什么目的。明确目的可以帮助设计者化繁为简，突出重点，同时让团队成员有共同的目标。特别是在信息较多的情况下，建议将其分成几个类别，而不是将它们强行混合在一起。

（When，何时），是指何时发布。发布时间会影响作品的精细程度和推迟部分内容的创作。如果截止日期即将到来，可以先处理相对容易的部分，将耗时的部分推迟到以后处理。

（Where，在哪里），是指在哪里发布。发布的地方会影响需要考虑的因素，因为不同的发布渠道有不同的要求，如需要考虑屏幕尺寸、是否需要打印、分辨率限制和用户的关注度等因素。

（Why，为什么），是指受众为何会被信息可视化作品所吸引。在当今信息爆炸的年代，即使有意寻找某些信息，也很难找到。因此，人们往往会忽略那些缺乏特色的信息。为了吸引受众的注意力并产生共鸣，设计师需要让设计耳目一新，深刻地传达信息的可视化作品。

（How，如何），是指以何种方式展示可视化信息。你需要选择合适的信息可视化工具和技术来展示你的数据，如是柱状图、折线图还是其他类型的可视化方式，同时还需要考虑如何设计可视化界面、选择颜色、图形和字体等。

## 1.3.2 统计学

统计学是一门科学，它基于数据分析，研究如何收集、整理、归纳和分析数据以提供正确的信息。自 17 世纪中叶以来，统计学在自然科学、社会科学、人文科学以及工商业和政府情报决策等领域都得到了广泛应用。随着大数据时代的到来，统计学与信息、计算等领域密切结合，成为数据科学中的重要组成部分。通过数据科学的方法和技术，统计学可以帮助人们更好地处理和分析数据，发现数据背后的模式和趋势，为决策提供支持。

统计学在信息可视化方面得到了广泛应用，是由以下几个方面的优势决定的：

（1）数据分析能力：统计学是数据分析的基础，能够帮助人们从数据中提取有用的信息和模式，进而构建信息可视化模型。

（2）数据可视化能力：统计学可以帮助人们设计和实现各种类型的图表和图形，将数据转化为易于理解和解释的可视化形式。

（3）数据解释能力：统计学可以帮助人们理解数据背后的统计特征和规律，提供数据解释和分析的支持，从而提高决策的准确性和科学性。在使用数据时，准确性至关重要。人们通常用“垃圾进，垃圾出”表明输入数据质量直接影响输出结果的质量。对于初学者来说，在数据处理行业中，如果输入的数据存在错误、不完整、不一致等问题，那么在处理过程中就会出现错误和偏差，最终得到的结果也会存在偏差。因此，在使用数据时，必须保证数据的准确性和可靠性，包括数据采集、处理、清洗、整合和分析等环节，从而确保得到准确、可靠、有效的结果，并为决策提供科学依据。

## 1.3.3 心理学

心理学是研究人类心理现象及其影响下的精神功能和行为活动的科学。它的历史相对较短，19 世纪中叶以后，自然科学的迅猛发展为心理学成为独立学科创造了条件。心理学可分为多个分支领域，如发展心理学、学习心理学、社会心理学、行为心理学、比较心理学、认知心理学等。

认知心理学是研究注意力、语言使用、记忆、感知、问题解决、创造力和思考等心理过程的科学。在信息可视化领域，认知心理学对于设计非常重要。在进行可视化设计时需要注意收集信息，确保用户的注意力集中在重要信息上。

格式塔原理是一种心理学理论，它描述了人类感知和理解信息的方式。它认为，人们不是简单地把信息看作单独的元素，而是将它们组合成有意义的整体。格式塔原理可以用以下几个基本概念来描述：

（1）近似性原理：相似的元素会被组合在一起，形成有意义的整体。

（2）连续性原理：人们更容易把连续的元素看作一组，而不是把它们分开。

（3）接近性原理：靠在一起的元素会被视为一组，而不是单独的元素。

（4）共同区域原理：一起移动或变化的元素被视为一组，因为它们共享一个命运。

（5）对称性原理：人们倾向于看待对称的元素，因为它们更有组织性和稳定性。

（6）闭合性原理：人们更容易把不完整的元素看作整体，填补缺失的信息。

掌握格式塔原理可以帮助设计师创建更有效的信息可视化，因为它们可以帮助设计师了解如何组织和呈现信息，以便理解和记忆信息。

### 1.3.4 设计学

设计学是一门交叉学科，结合了理、工、文等多个领域的知识，旨在创造和引导人类健康工作与生活，促进社会变革与发展，实现人—机—环境的和谐统一。设计学本身具有自然科学的客观性特征，同时也具有特殊的意识形态色彩。设计学包括艺术设计学、视觉传达设计、环境设计、产品设计、服装与服饰设计、公共艺术、工艺美术等多个子学科。

设计学在信息可视化中扮演着重要的角色，可以帮助创作者将复杂的数据转化为有意义的可视化作品，使其更易于理解和传达。设计原则和技巧可以帮助信息可视化的创作者创作出清晰、美观、易于理解的图表、图形和图像，使用合理的配色和排版等元素，以期最大限度地提高数据的可读性和视觉吸引力，从而帮助用户更好地理解数据。

### 1.3.5 其他学科理论

信息可视化作为一种跨学科的领域，需要设计者具备多种技能和知识。不同应用领域的信息可视化需要不同的设计技能和专业知识，如金融、医疗、科学等。对于特定领域的信息可视化，设计师需要了解该领域的专业术语和概念，以及目标用户的需求和偏好。此外，他们还需要了解相关技术，如虚拟现实和人机交互等，以便设计出更具有交互性和可视化效果的作品。因此，设计师必须不断学习和更新自己的知识，以满足不同领域的信息可视化需求。

## 项目小结

本项目主要介绍了信息可视化的概念、起源与发展，以及涉及的交叉学科理论。数据通常是未经处理的、无序的内容；信息是指经过加工和处理后获得的有用的内容；信息图则是以图表或图形表达信息，以帮助人们更好地理解和分析信息。理解数据、信息和信息图之间的区别与联系，对深入学习和应用信息可视化至关重要。

## 课后思考

（1）信息可视化的定义是什么？

（2）信息可视化经历了哪几个发展阶段？

（3）信息可视化和哪些学科相关？

（4）简述数据、信息和信息图之间的区别与联系。

# 项目 2 可视化思维

## 任务 2.1 可视化思维的概念

可视化思维（Thinking Visualization）是指运用视觉元素（如图表、图像、图形等）来整理、分析、表达复杂的想法或概念的能力。可视化思维更直观、更利于理解和记忆，可以提高信息加工及信息传递的有效性。这种思维方式可以帮助人们更清晰地理解信息、发现模式、识别趋势，并在决策、沟通和解决问题时提供有力的支持。

知识微课堂：可视化思维

概念和数据利用图形图像表达，更加易于理解，传递信息效率更高，简单来说即“一图胜万字”。如在图 2-1 中，教师陈述 A、B 和 C 之间关系，学生一边听一边理解，进而分析 A、B、C 三者之间的关系。而流程图方式可以展示 A、B 和 C 之间的关系，以及 B、C 与它们各自的子元素之间的关系。相比口头陈述，流程图更直观、更易于理解，可以帮助学生更快获取信息和理解内容。

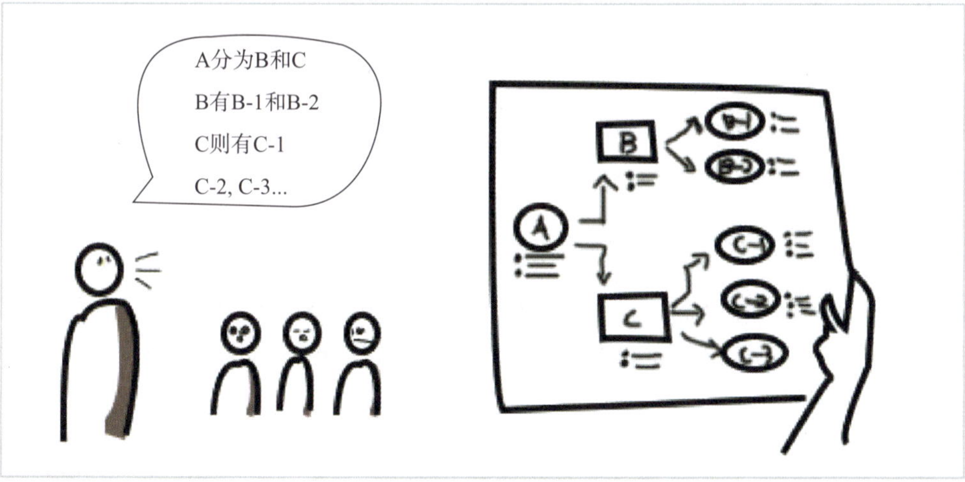


图 2-1　图形化样例

# 任务 2.2 视觉思考

知识微课堂：视觉思考

## 2.2.1 视觉思考的定义

视觉思考是指通过观察和分析视觉信息来推理、解决问题以及创造新的想法的一种认知过程。它涉及对感知信息的处理、组织和理解，并将其与已有的知识和经验进行联系和应用。视觉思考可以应用于各种领域，如美术、设计、科学、工程等，是创造性地解决问题的重要手段之一。

如在艺术设计方面，视觉思考是创作和设计的核心。艺术家和设计师使用视觉思考来理解色彩、形状、空间和比例等视觉元素，从而创作出各种形式的艺术品和设计作品。在科学工程方面，工程师可以利用视觉思考来理解和解决各种科学和工程问题，如使用图表、图像和模型来可视化数据，从而更好地理解和分析数据，给出方案。在商业和市场营销方面，设计人员可以利用视觉思考来设计广告、海报和标志等宣传材料，以便吸引用户注意力、传达信息并建立品牌形象。

## 2.2.2 视觉思考的过程

视觉思考通常可以分为视觉单位、视觉结合以及视觉讯息三个阶段。

### 1. 视觉单位

视觉单位是人类视觉系统能够分辨的最小空间细节，其大小取决于多种因素，包括物体大小、形状、亮度、对比度、观察距离以及观察者的视力等。在设计中，视觉单位可以理解为视觉元素中最小的单位，类似于文章中的单个字。视觉单位是构成设计图的基本元素，具有客观、专属的图形和形式，比如线条、形状、颜色、文字、图标等。

视觉单位设计需要设计师具备瞬间捕捉事物特性的能力，即通过对事物的观察和理解，准确地表达出事物的形态、颜色、结构等特征。设计师可以通过训练熟练掌握和使用视觉单位的能力，以达到视觉效果的最佳表现，从而更好地传达设计意图和理念。

### 2. 视觉结合

视觉结合是指将来自多个视觉单位的信息整合在一起，可以用连接线、箭头等方式表示不同单位之间的时间流、过程或关系，形成一个单一的感知体验。这个过程类似于文章中句子的构建。在视觉结合的过程中，不同的视觉单位可以来自不同的视觉通道，比如颜色、形状、深度、运动等。这些单位通过神经元的整合和调节，形成一个单一的感知形态，从而提高视觉信息的准确性和可靠性。

视觉结合的过程在日常生活中非常常见，比如当人们看到一辆车时，会将来自颜色、形状、运动等多个视觉单位的信息整合在一起，形成一个单一的感知体验，从而能够准确识别出这辆车。

### 3. 视觉讯息

视觉讯息可以由多个视觉元素组合而成，类似于文章中的句子组成的段落，可以传递更加复杂的信息和意义。在设计中，视觉讯息是指通过视觉元素传递的信息或概念，包括图像、颜色、形状、线条、文字等，可以用于传达各种信息和情感。

视觉讯息可以通过视觉沟通的形式表现，如海报、绘画、摄影、设计、电影等。在一幅海报中，设计师可以通过图像、颜色、文字等多种视觉元素来表达一个品牌或产品的形象、特点、用途等多方面的信息。这些视觉元素的组合可以增强信息的表达力和吸引力，让人们更容易理解和记忆。

## 2.2.3 视觉思考案例

如何利用视觉思考过程开展可视化思维训练呢？可以参照表 2-1 给出的视觉思考过程完成训练。

**表 2-1 视觉思考过程**

| 项目 | 阶段 | | |
|---|---|---|---|
| | 第 1 阶段 | 第 2 阶段 | 第 3 阶段 |
| 语言比喻 | 单字 | 句子 | 段落 |
| 工作 | 瞬间捕捉 | 表达时间、过程 | 叙事、强化信息 |
| 使用时间 | 3 分钟内 | 10 分钟内 | 15 ~ 30 分钟 |
| 练习方法 | 描述事物 | 表达想法 | 发表、归纳 |
| 结果 | 视觉单位 | 视觉结合 | 视觉讯息 |

语言比喻：视觉单位、视觉结合与视觉讯息相当于语言中的单字、句子和段落。多个单字组成句子，多个句子组成段落。句子传递一定量的信息，段落传递更复杂的信息。

工作与使用时间：在可视化思维训练中，设计师需要有快速捕捉事物特征的能力。设计师要通过设计最能代表事物特征的图形或图像，完成视觉单位的创建，约 3 分钟；基于视觉单位，结合需要传递的信息，利用图形与图形组合，或者颜色、文字等视觉元素完成某些过程或活动的表达，完成视觉结合的设计，约 10 分钟；基于视觉结合，考虑传递叙事或者强化某些复杂的信息，完成更为复杂的信息图，即为信息图设计，约 15 ~ 30 分钟。

练习方法：通过描述事物本质特征，完成视觉单位图形化；利用图形、图像、色彩等完成视觉结合设计；根据已有图形、图像、文字、色彩等多类视觉元素，归纳总结给出结论，完成信息图。

（1）以“制作三明治”项目为例，开展视觉思考实践。

材料准备：鸡蛋、面包。

过程阶段：煎鸡蛋、烤面包。

制作步骤：将煎鸡蛋夹在烤面包中间，完成。

图 2-2 展示了三明治的制作过程。制作一个三明治需要的材料有鸡蛋和面包，图形表示鸡蛋和面包，可以理解为视觉单位。对鸡蛋和面包的处理，即煎鸡蛋和烤面包，通过图

形展示煎鸡蛋和烤面包过程，可以理解为视觉结合。最后将煎好的鸡蛋夹在烤好的面包中完成三明治的制作，这一过程可以看作通过视觉讯息传达出三明治的制作方法。

图 2-2　制作三明治的过程

（2）以“折叠毛巾过程可视化”项目为例，开展视觉思考实践。

教师演示折叠毛巾过程，学生认真观看并手绘折叠毛巾的过程。图 2-3 是学生完成的叠毛巾可视化作品。在手绘信息图时，需要思考几个问题：毛巾图形化如何表示；折叠过程图形化如何表示且易于理解；怎样做到视觉效果佳，版式设计合理。通过以上的思考来完成信息图设计。

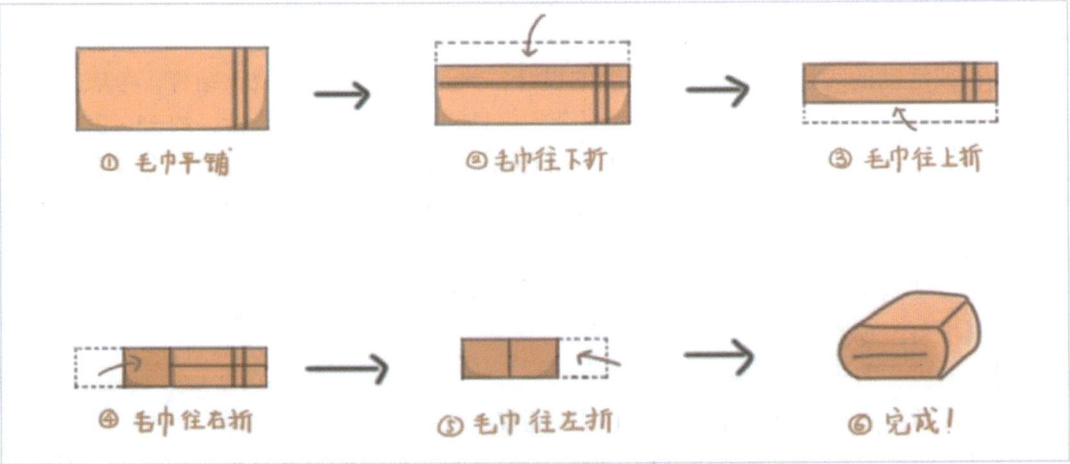


图 2-3　折叠毛巾过程（设计：郑海弘）

# 任务 2.3 项目实践

根据给定主题，学生通过头脑风暴发散思维，完成主题相关数据收集，对收集的数据进行梳理，利用手绘方式完成主题可视化思维训练。

知识微课堂：
可视化思维项目实践

## 2.3.1 项目实践一

**实践项目：以“新年 10 个愿望”为主题开展可视化思维训练**

在新年到来之际，家人、朋友、同事聚在一起，用手绘的方式记录下自己的 10 个新年愿望吧！

实践要求：题目自拟，信息收集充分，图文并茂呈现主题；色彩搭配协调，图形设计风格统一，版式设计合理，视觉传达效果佳。

实践指导：可以先充分收集信息，思考自己真正想要的东西或想要改变的事情。以图文并茂的方式来呈现愿望，包括愿望名称、愿望描述、图形或符号等，同时还要注意色彩搭配的协调性、图形设计风格的统一性、版式设计的合理性以及视觉传达效果。

更多优秀作品欣赏：
新年愿望

图 2-4 为“新年 10 个愿望”可视化设计作品示例。

图 2-4 “新年 10 个愿望”可视化（设计：郑海弘）

## 2.3.2 项目实践二

**实践项目：以“找工作必备”为主题开展可视化思维训练**

你以后想从事什么工作呢？未来的你必将投入到工作中。机会都是留给有准备的人的，现在就开始为找工作做准备吧，手绘找工作必备内容！

实践要求：题目自拟，信息收集充分，图文并茂呈现主题；色彩搭配协调，图形设计风格统一，版式设计合理，视觉传达效果佳。

实践指导：通过手绘的方式来记录自己的职业规划、个人简历、自我介绍、应聘信、面试准备等内容，以便更好地准备应聘过程中需要的材料。同时，手绘也可以让我们更加深入地思考职业发展方向、自己的优势和劣势，有助于找到更适合的工作。在手绘找工作必备内容时，要注意版式设计、色彩搭配、图形设计等，以提高视觉传达效果，让作品更具有吸引力。

图 2-5 为“找工作必备”可视化设计作品示例。

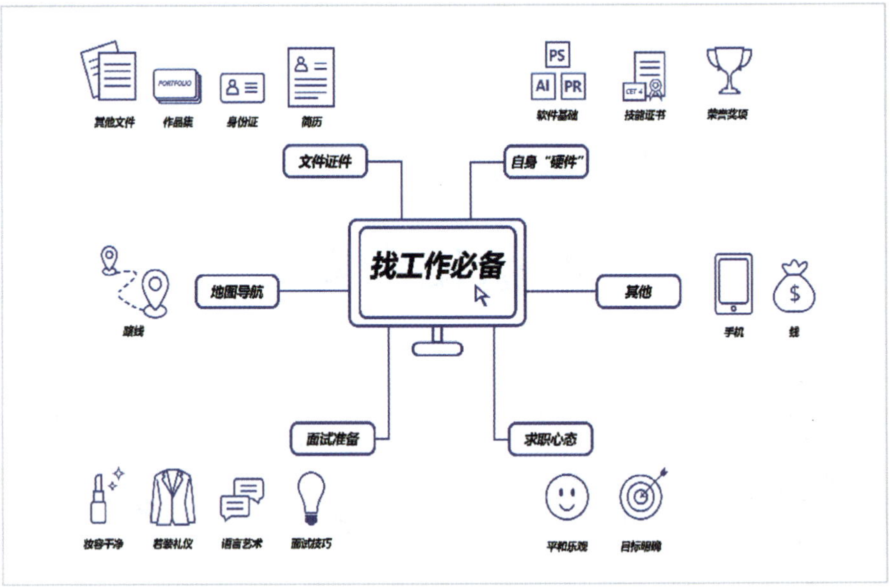


图 2-5　“找工作必备”可视化（设计：庞琳洁）

## 项目小结

本项目主要讲解了可视化思维的概念以及视觉思考的过程。可视化思维是指运用视觉元素（如图表、图像、图形等）来整理、分析、表达复杂的想法或概念的能力。视觉思考过程包括视觉单位、视觉结合和视觉讯息三个阶段。学生可通过实例学习如何利用可视化思维来整理、分析和表达信息，以提升解决问题和创意思维方面的能力。

## 课后思考

（1）可视化思维的定义是什么?

（2）视觉思考过程包括几个阶段?

（3）简述视觉单位、视觉结合以及视觉讯息之间的关系。

# 项目 3 信息可视化设计流程

## 任务 3.1 信息可视化设计原则

知识微课堂：
信息可视化设计原则

### 1. 吸引眼球，令人心动

在现代社会中，信息量越来越大，信息传递的速度也越来越快。人们可以通过多种途径获取信息，但这也导致用户的注意力变得十分稀缺。因此，如果想要在众多信息中脱颖而出，吸引用户的关注，就必须让用户感到强烈的吸引力和兴趣，从而让他们产生进一步了解的需求。要实现这一目标，最重要的是设计精美的核心图文。只有通过巧妙的设计，才能让信息在瞬间打动用户的心，引起他们的兴趣和好奇心，从而吸引他们持续关注。因此，设计和构图的重要性不容忽视，它们是让信息更具吸引力和可读性的关键。

图 3-1 是巴黎地铁线路图，其以独特的设计风格而闻名。这张地图以简洁的几何图形和明快的色彩搭配将地铁线路清晰地呈现出来，使得地铁乘客和游客都能轻松理解。这种设计风格不仅令人耳目一新，还展现了巴黎作为艺术之都的传统和活力。因此，这张地铁线路图在传达信息的同时也成为一件展现城市文化和艺术氛围的作品。

图 3-1 巴黎地铁线路图

## 2. 准确传达，信息明了

设计师在设计之初应明确意图和传递信息。模糊的设计会增加用户的理解成本，因此设计师应围绕主题创作，突出重点，确保作品清晰传递信息，使用户一目了然，避免困惑。设计师应在设计过程中持续关注主题和信息传递，以确保清晰传达信息。

例如：为了更好地满足用户需求和使用习惯，伦敦地铁路线图的优化过程充分考虑了多个方面，图 3-2 展示了伦敦地铁路线优化过程，包括精简路线、改变颜色和字体、突出信息、更改布局和结构等，最终设计出了具有可读性和易用性的地铁路线图。

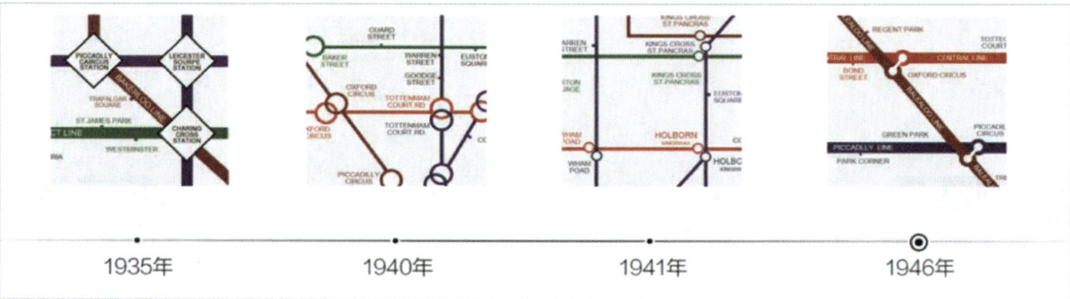


图 3-2　伦敦地铁路线图优化过程

## 3. 去粗取精，简单易懂

在信息可视化设计中，少即是多。明确设计目的后就要精简内容，避免影响信息传达。因此，设计师需要简化信息和版式设计，包括颜色、字体和线条，以确保信息可视化作品能清晰、明确地传达设计目的。图 3-3 咖啡图解利用图形化表达常见的咖啡种类及其含有的主要成分，通过简单图形就可以帮助人们更好地了解各种咖啡的成分组成，从而选择适合自己的口味。

图 3-3　咖啡图解

### 4. 视线流动，构建时空

在设计中，设计师应该考虑人们阅读时的习惯，即从左上到右下阅读。海报、杂志、手机界面、网页的版式设计大多都遵循这个规律。设计师可以利用这个规律找到版面中最重要的位置，并将最重要的信息放置于此，从而更有效地传达信息。这也是确保设计作品能够吸引读者、引导视线、传递信息的重要方法之一。

图 3-4 通过从左到右、从上到下的视觉引导方式，图形化地表现了设计过程中涉及的具体工作内容和参与人员类型。

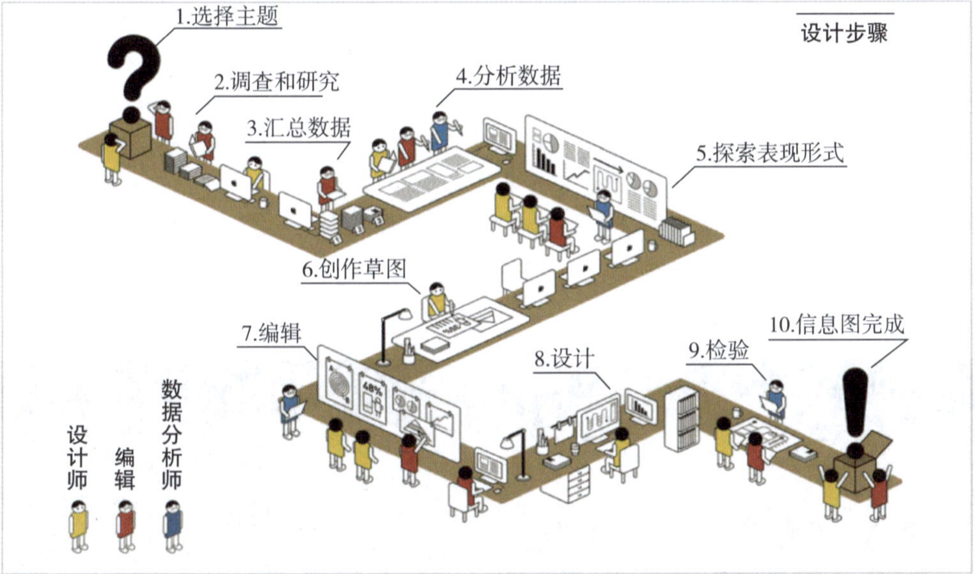


图 3-4　设计过程

### 5. 摒弃文字，以图释义

为了降低用户的理解成本，设计师应尽量减少使用文字，而更多地采用图像表达信息。使用图像来表达信息可以扩大设计作品的受众范围，无论是哪个国家或种族，都能理解作品传递的意图和内容。图 3-5 是用图形展示除皱手术的操作步骤。

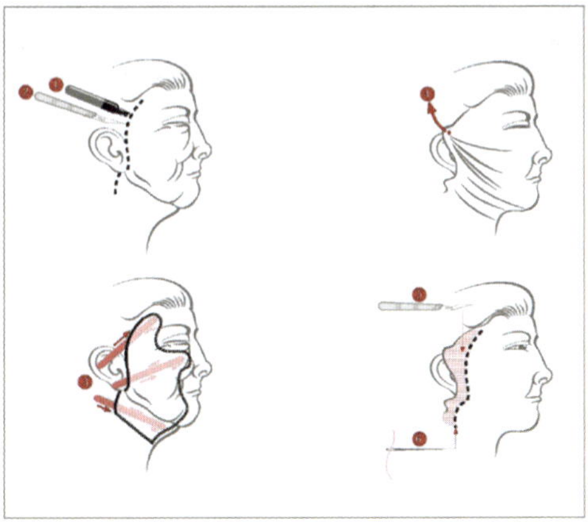

图 3-5　除皱手术步骤（设计：奈杰尔·霍姆斯）

# 任务 3.2 信息可视化类型

知识微课堂：
信息可视化类型

## 3.2.1 统计类

统计图是常见的一种信息图设计类型，根据功能可以分为三类：第一类是表达事物占比的统计图，比如饼图；第二类是表达事物发展趋势的统计图，比如折线图、散点图；第三类是对事物进行对比的统计图，比如柱状图、雷达图等。设计师根据需要选择合适的图表类型后，再对其进行艺术加工，就可以有更强的视觉冲击力，使观者更容易理解。

数据可视化大屏将海量数据通过图表、数字、图像等方式进行展示，将复杂海量的数据处理得简单易懂，极大地提高了决策者处理数据的效率。图 3-6 展示了交通运输数据大屏，其通过统计图表、地图等形式展示交通流量、ETC 卡年度金额消费分布、车辆类型统计、线路运单情况等信息。这种形式有助于人们理解交通状况、优化路线规划、改善交通管理并提供决策支持。

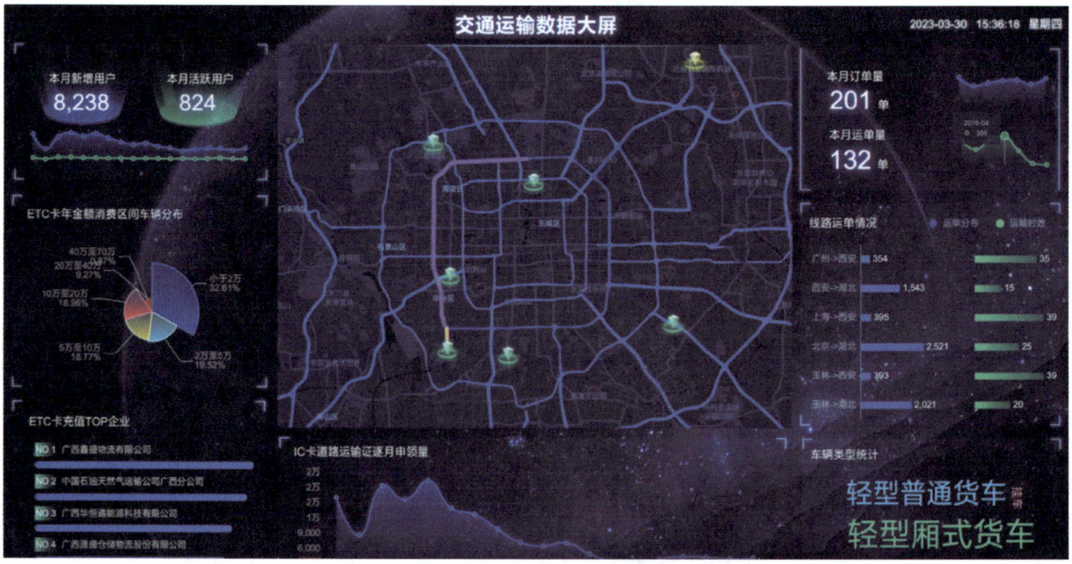


图 3-6 交通运输数据大屏

## 3.2.2 地图类

地图类信息图是将某个空间或者地域进行缩放后绘制的信息图，通常可以分成两类：第一类是将整个空间或地域的完整结构进行展现的信息图；第二类是重点描绘特定对象的信息图。地图类信息图包含交通路线图、旅游导览图等，图 3-7 所示的深圳地铁路线图就是地图类信息图。

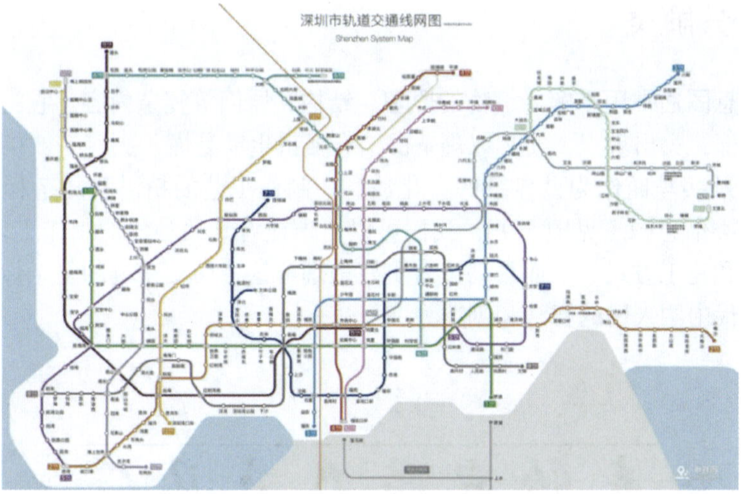


图 3-7　深圳地铁路线图

## 3.2.3 流程类

流程类信息图是用于展示某个过程或系统中的步骤、活动、决策或事件之间的关系和顺序的信息图。流程类信息图也适用于规划、解释和优化流程，以帮助人们更好地理解和管理复杂的流程或系统。流程类信息图能清晰地展示特定活动或过程的各个阶段和它们之间的相互作用。图 3-8 是以流程图的形式生动形象地展示人类胚胎发育的全过程。

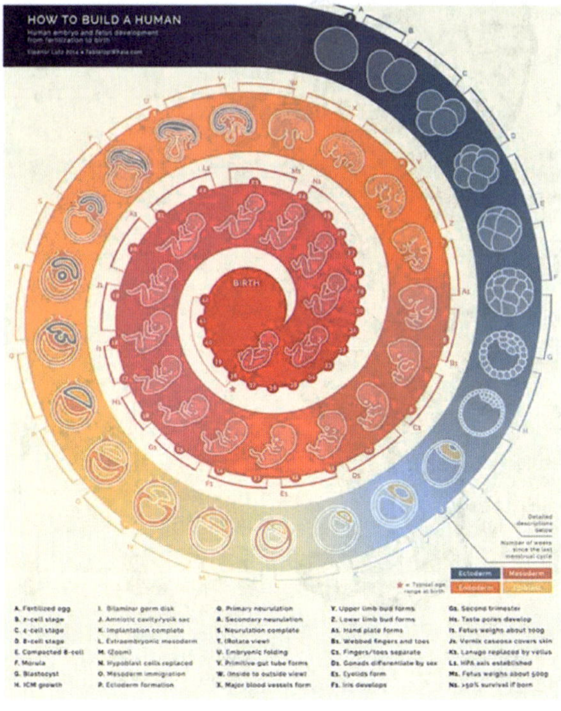


图 3-8　人类胚胎发育过程

## 3.2.4 分解类

分解类信息图通常用于解释事物的原理、结构、原因等复杂内容。它把复杂的事物分解成不同的局部，突出重点，使难以理解的信息变得生动易懂，更容易被接受。

秦始皇陵及兵马俑作为世界级的文化遗产，制作工艺的精湛和复杂程度令人叹为观止。通过分解类信息图（见图 3-9），我们可以清晰地看到兵马俑的制作工艺、制作步骤，以及工队组成和建工方式，从而帮助读者更好地理解这一历史遗迹的复杂性和独特性，同时也展现了古代中国人民的智慧和创造力。

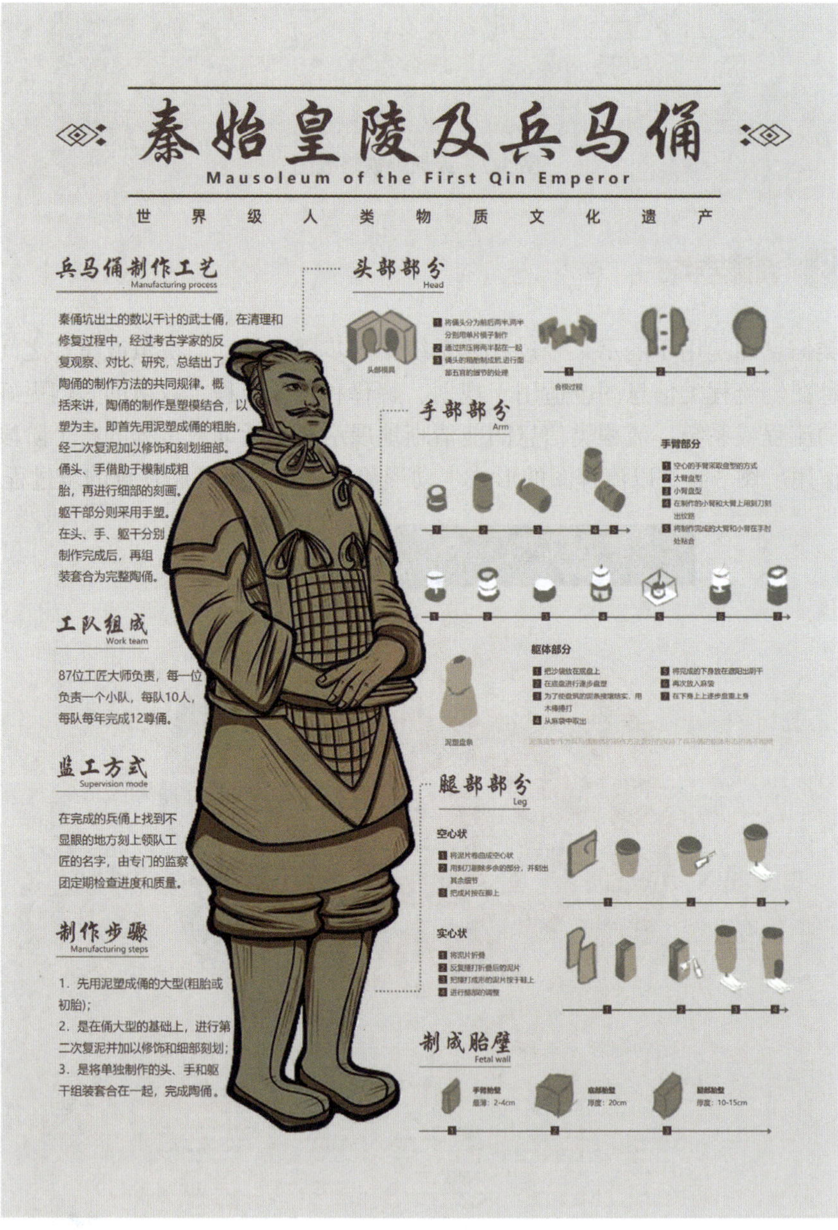


图 3-9　秦始皇兵马俑信息图

## 3.2.5 关系类

关系类信息图是指用图表或图形展示事物之间相互关系的信息图，常见的形式包括流程图、组织结构图、思维导图、网络拓扑图等。这些信息图帮助人们更清晰地理解各种元素之间的联系和互动，从而更好地传达信息和观念。如图 3-10 是史上前五球员进球战绩，以时间线作为信息图中心，发散线条连接五位球员，按照时间顺序记录每位球员的战绩，包括进球时间、进球个数、对战球队以及个人成就。图中也可以看出同一时间不同球员的比赛战绩。

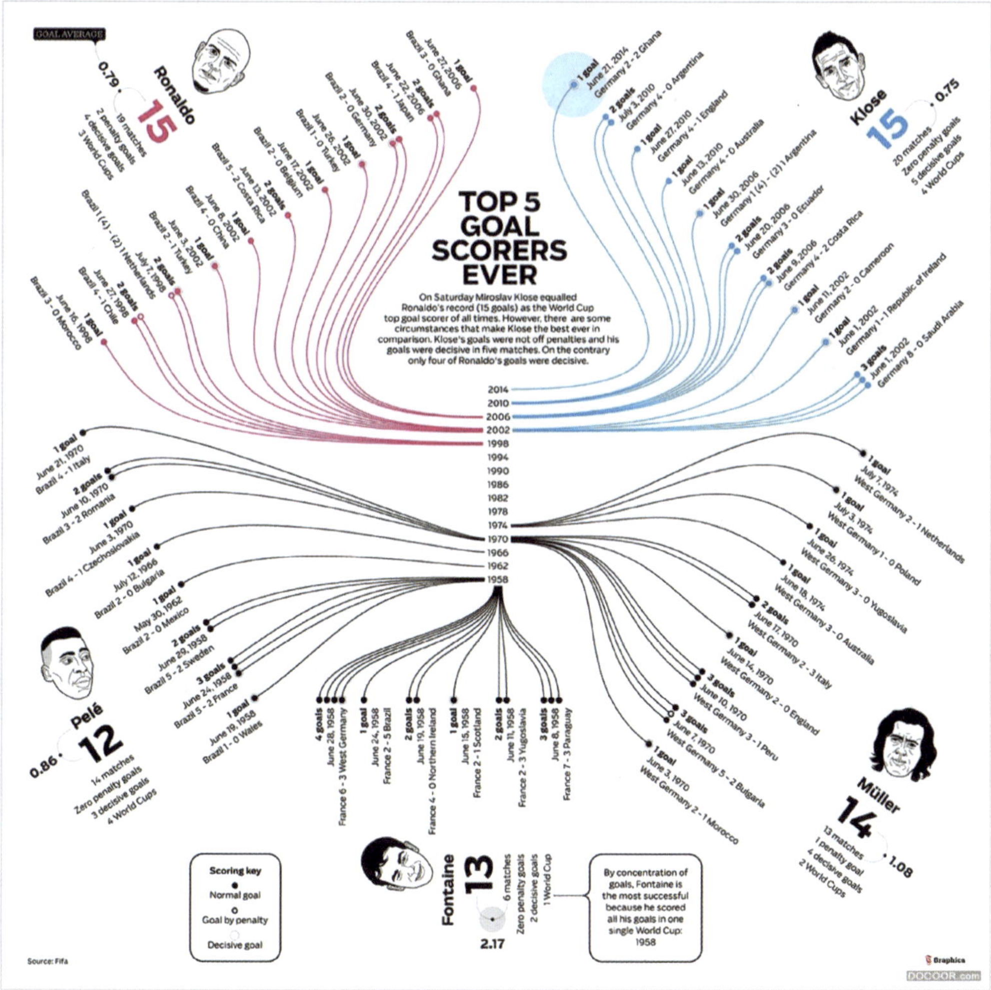


图 3-10　史上前五球员进球战绩

## 3.2.6 组别类

组别类信息图将信息按照不同的类型进行分类，然后通过视觉化手段突出不同类型之间的差异，使用户更容易理解不同类别之间的差别，可以为之后的决策提供判断依据。

以图 3-11 中国旗袍派别为例。图中展示了中国旗袍的发源地为杭州、苏州、南京和上海。这些地方都有着悠久的旗袍制作历史和文化传统。此外，旗袍还有不同的派别，包括京派、苏派、粤派以及海派，每种派别都有其独特的设计风格和特点，反映了不同地域的审美和文化特色。

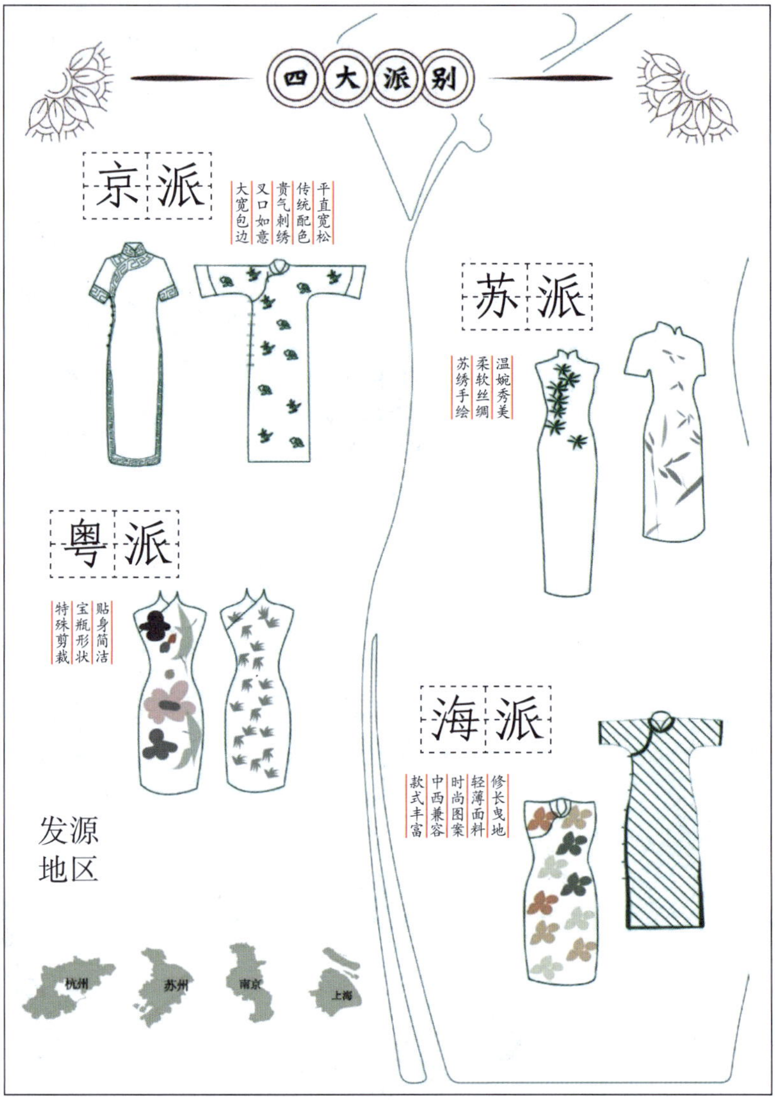


**图 3-11　中国旗袍派别分类**

## 3.2.7 故事类

故事类信息图是一种将文字信息转换成图像的形式。这种形式可以使故事更加生动、直观地呈现给观众，帮助他们理解和记忆故事中的信息。

故事类信息图有多种表达形式，如可以通过时间轴展示事件发展过程以及事件之间的关系和演变；利用地图展示地理位置相关的故事，包括地区之间的对比、变化和趋势；通过序列图表达事件或数据的顺序和演变，以漫画或图像的形式呈现故事，简化复杂信息，并通过图像和文字相结合传达信息。图 3-12 所示的农业发展历程信息图，是以时间关键节点为主线记录大事件，展示历经百年的农业发展巨变。

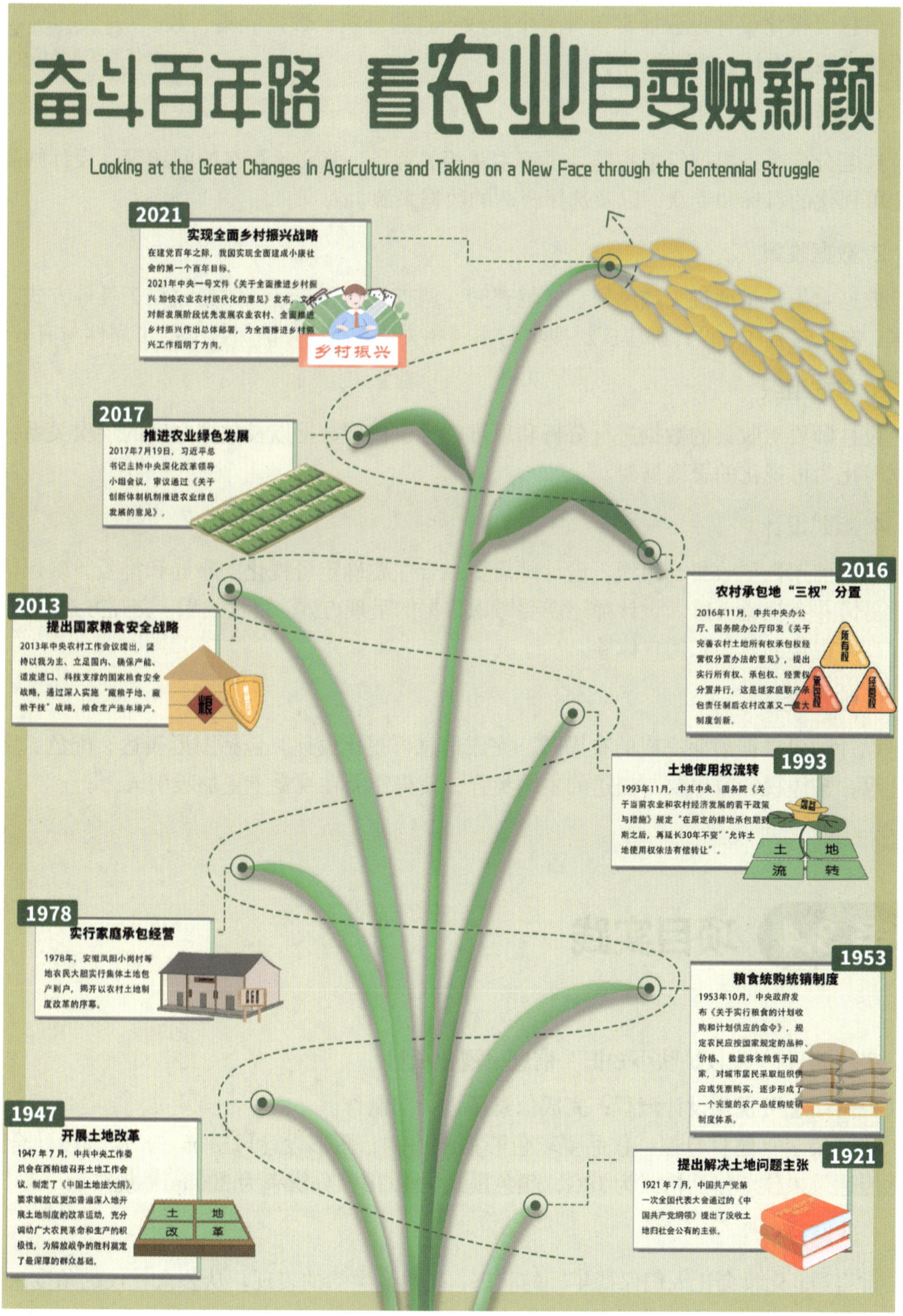


图 3-12　农业发展历程

# 任务 3.3 信息可视化设计过程

知识微课堂：信息可视化设计流程

信息可视化设计过程通常包含五个阶段：选题分析、数据收集、数据组织、版式设计、视觉设计。

### 1. 选题分析

选题分析是指根据给定主题，了解主题相关背景、意义、存在的问题等。设计师需要确定可视化的目标和受众，以及选择合适的数据来源。

### 2. 数据收集

数据收集是指通过头脑风暴、文献查阅、调查问卷和交互式数据收集工具等方式收集数据。在此过程中，设计师应广泛搜集与主题相关的数据，并确保数据的可靠性与有效性。

### 3. 数据组织

设计师要对收集的数据进行分析和思维整合，梳理数据以及数据之间的层次关系，将数据转化为可视化的思维框架。

### 4. 版式设计

根据前期数据收集与组织，设计师需要结合主题确定可视化的布局和排版，确保信息清晰易懂并有视觉美感。设计师还需要考虑数据的呈现方式、视觉效果、交互方式等因素，以提高可视化的效果和用户体验。

### 5. 视觉设计

设计师要根据前期完成的布局图，完成信息可视化设计，包括图形表达、配色、字体设计等，整体视觉效果要与表达的主题契合，使得作品在视觉上更加吸引人。

# 任务 3.4 项目实践

**实践项目：“化妆护肤小知识”信息可视化项目**

根据信息可视化设计流程，完成信息图设计与制作。

实践要求：题目自拟，作品要求色彩搭配协调，图形设计风格统一，版式设计合理，视觉传达效果佳。作品格式为 JPG，颜色模式为 RGB，分辨率为 300dpi，规格为 A3。

### 1. 选题分析

常言道：化妆会让人们保持年轻的状态，是热爱生活的表现。从公众礼仪的角度来讲，化妆是尊重他人的表现。精神的表现尽管贯穿整个身体，却大部分集中在面部构造上。有人天生丽质，有人容貌焦虑。天生丽质的人不施粉黛依旧美艳动人，容貌焦虑的人则极度不自信。对于容貌焦虑的人来说，化妆能够扬长避短，让他们自信起来，也能增加气场。对于面容憔悴的人来说，化妆能使他们精神起来，变得更有气色。护肤是为了保持肌肤年轻状态，护肤越早开始，肌肤年轻状态就能保持得越久。人的皮肤从 14 岁开始退化，24 岁以后，皮肤新陈代谢会日趋缓慢，角质层渐渐堆积变厚。除了年龄会影响皮肤状况，人体荷尔蒙的变化、环境的污染、紫外线辐射、饮食习惯、睡眠时间以及不恰当的保养方式都会影响皮肤的健康。因此皮肤护理便成了我们日常生活中不可缺少的环节。但很多人对化妆和护肤了解不多，方法也不正确，化妆护肤未达到应有的效果。因此，掌握正确的化妆、护肤步骤和方法至关重要。本项目实践通过可视化设计分享一些关于护肤与化妆的相关知识。

### 2. 数据收集

通过小红书、百度或化妆品品牌官网等收集化妆和护肤相关知识，如化妆品种类、化妆步骤、卸妆步骤、护肤步骤、护肤小知识、生活习惯对皮肤的影响、防晒对皮肤的影响等。数据形式可以文本或图片格式展现。

### 3. 数据组织

对收集的化妆品相关数据进行归纳整理，梳理数据之间的层级关系，并通过思维导图形式展示，如图 3-13 所示。

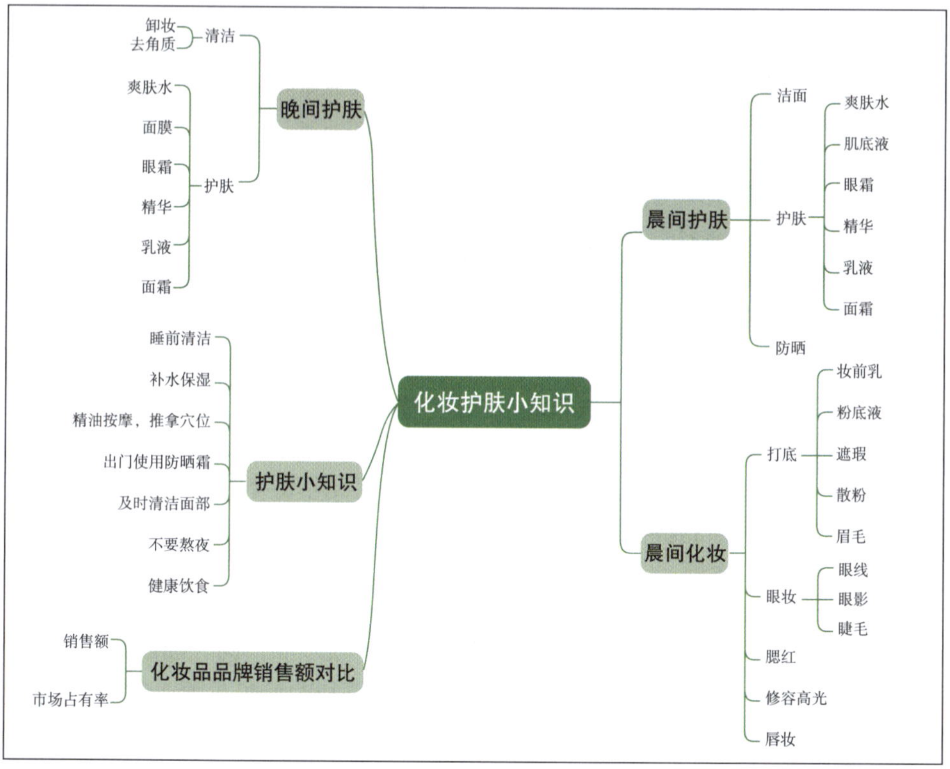


图 3-13 化妆护肤小知识思维导图

### 4. 版式设计

基于思维导图整理的数据，构建合理层级关系，以全面系统地展示化妆与护肤的相关知识。按照护肤过程的自然顺序及日常习惯，将内容划分为三大核心板块：晨间护肤、晨间化妆与晚间护肤，每个板块均独立且相互衔接。在布局图设计上，采取从上至下的垂直排列方式，依次展现这三个板块，每个板块内按护肤化妆步骤展示所用产品及方法。此外，为了提升用户体验与知识价值，还加入了护肤小知识和化妆品品牌销售情况，为用户提供实用的护肤技巧与建议以及通过汇总市场上热门化妆品品牌的销售数据与消费者评价，为用户提供选购时的参考依据。详细布局图如图 3-14 所示。

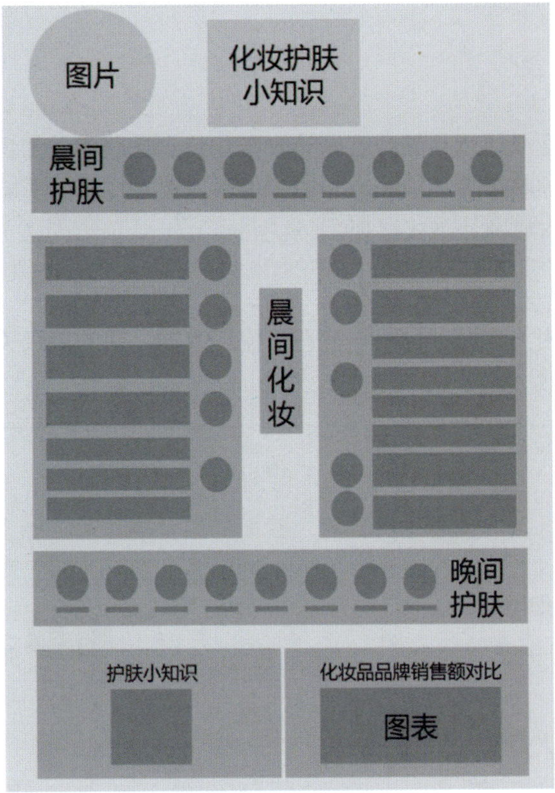


**图 3-14　布局图**

### 5. 视觉设计

根据确定的布局图进行信息可视化设计，从图形设计、配色、字体设计等方面确保整体视觉效果美观并契合主题。

（1）素材制作。

在图形设计上，采用了扁平化图标直观展示化妆护肤步骤，同时加以文字说明，确保准确传递信息。在配色方案方面，背景选用了温暖而柔和的粉色色调，营造出一种舒适、愉悦的氛围，与护肤化妆的主题相得益彰。同时选择红色作为主色调，正文再搭配黑色文字加以说明，营造出一种优雅而不失时尚感的效果。在字体设计上，选用清晰易读且便于阅读的字体，确保用户能够轻松理解每一部分内容，如图 3-15 所示。

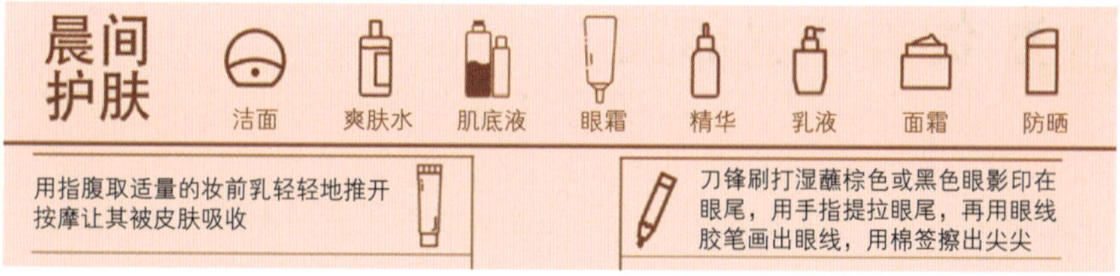


**图 3-15 可视化护肤小知识**

（2）信息图设计与制作。

基于已设计的素材和布局图，制作完成信息图（见图 3-16）。信息图紧扣主题，通过图文并茂的方式充分展示化妆护肤相关知识，色彩搭配和谐，图形风格一致，版式设计合理，整体视觉传达效果良好，为用户提供了优质的阅读体验。

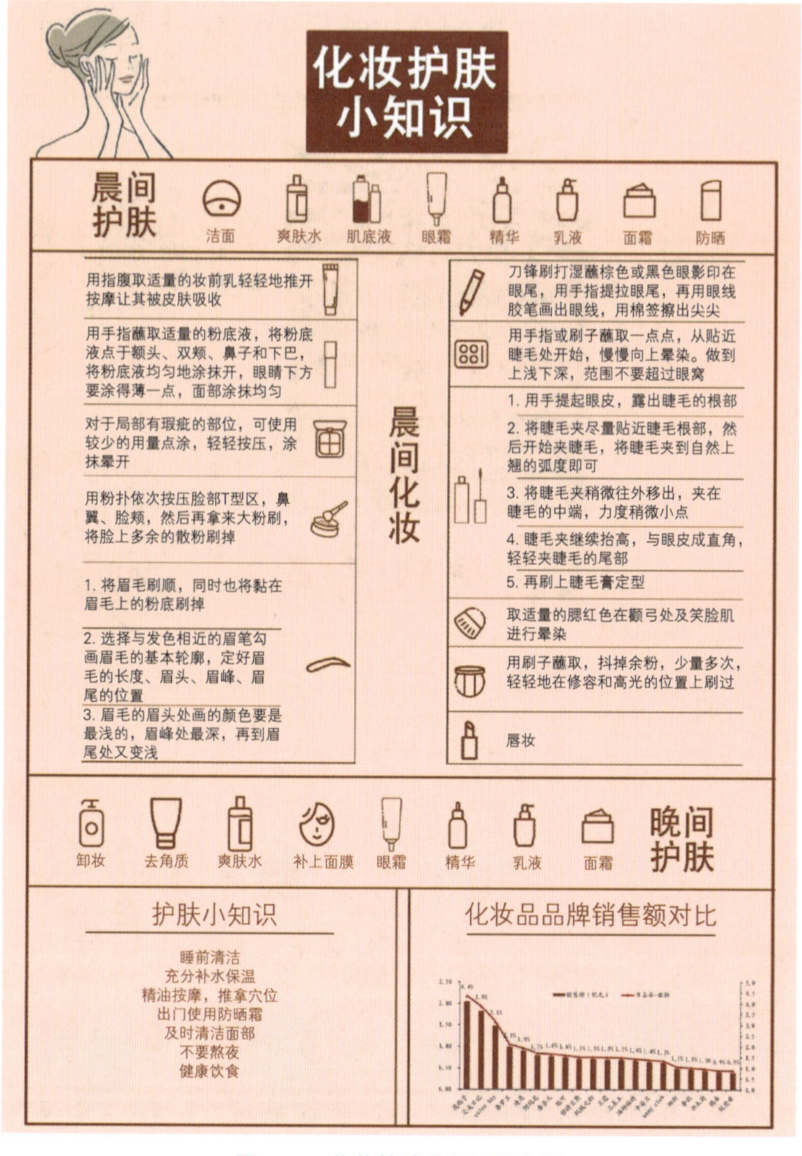


**图 3-16 化妆护肤小知识信息图**

# 任务 3.5 优秀作品欣赏

图 3-17 是学生根据“化妆护肤小知识”主题设计的《变美小课堂》作品。

**图 3-17　变美小课堂（设计：蔡思冰、陈洁莹）**

▶ 更多优秀作品欣赏：
化妆小知识

▶ 更多优秀作品欣赏：
如何缓解焦虑

## 项目小结

本项目介绍了信息可视化设计原则、信息可视化设计类型、信息可视化设计过程以及相关的项目实践。掌握信息可视化设计原则和类型，有助于完成信息图的视觉表现。信息可视化设计过程通常包含五个阶段，分别是选题分析、数据收集、数据组织、版式设计以及视觉设计。学生可通过“化妆护肤小知识”项目实践学习信息可视化设计过程。掌握这些设计过程有助于实现各类主题信息可视化设计。

## 课后思考

（1）信息可视化设计原则是什么？

（2）信息可视化设计过程包括哪些步骤？

（3）常见的信息可视化类型有哪些？

# 项目 4 时间信息可视化

## 任务 4.1 概念与表达

时间信息可视化是一种常见的信息可视化类型，它适用于强调时间线的信息。时间线会在显著的位置进行标识，如明确的年份、日期等数字或文字信息。有些作品则通过设计进行暗示，让人们意识到时间的变化，而不是直接标出时间线。通常时间信息可视化表达可以利用时间轴、暗示时间以及甘特图进行演绎。

知识微课堂：时间信息可视化

### 4.1.1 时间轴

以时间轴演绎时间流动。如图 4-1 为乐高积木 50 周年纪念图，这幅图以积木作为时间轴，从左到右根据时间先后顺序，展示了公司发展历程，强化了品牌特色。其中，公司

图 4-1 乐高积木 50 周年纪念图

发展中重要时间节点分布在时间轴的上下两侧，并搭配代表性产品图片、年份以及简单的文字说明。整个时间轴按照从左到右的顺序展开，符合人们的阅读习惯。文字说明字体大小相同，但在一些重要的时间节点，年份表达用了加大字号的红色进行突出显示。重要年份的图片所占面积也会大一些。

图 4-2 描述了鱼的生长发育过程，虽然没有标明具体的时间数字，但是用一个圆形的环和指示箭头暗示了鱼从鱼卵发育为小鱼，最后变成大鱼的生命历程。圆的起点从右下方开始，顺时针发展直到回到起点附近，符合视线流动的习惯。

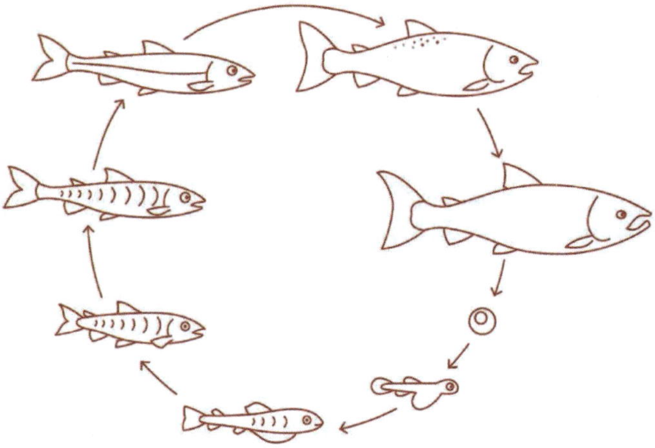

**图 4-2　鱼的一生**

时间轴也可以是螺旋状的，图 4-3 以插画形式设计三维螺旋上升的结构，生动展示了随着时间的演变地球所发生的变化，并引导人们的视线不断向外拓展观察地球生物的变化。

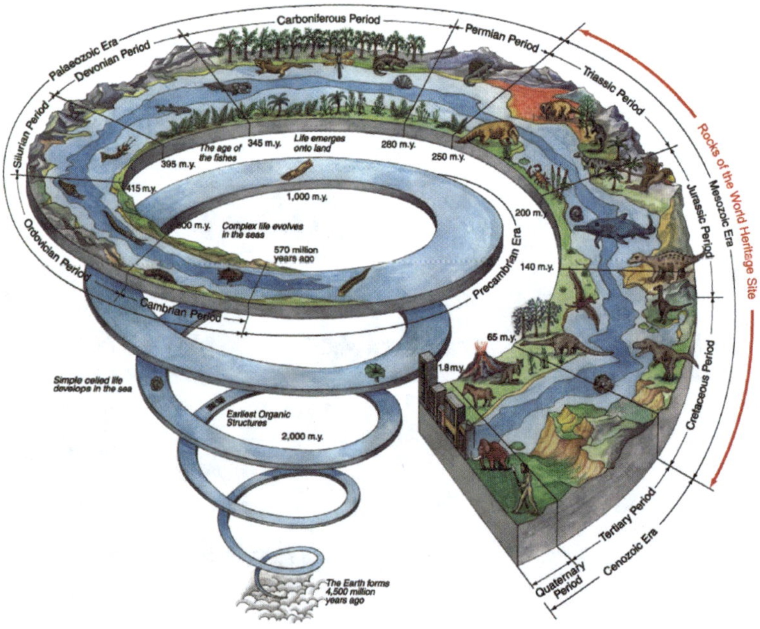


**图 4-3　地球时间轴**

## 4.1.2 暗示时间

以暗示时间线演绎时间流动。设计时可以使用渐变色彩或图案，通过颜色的过渡或图案的变化来表现时间的流动。设计重复元素也可以传达时间的概念，如用螺旋形图案或周期性排列的图形表达时间流动。如图 4-4 中国航海科技成就信息图，是通过不同颜色表达不同时间航海科技发生的大事件，按从上到下的顺序引导用户去了解中国航海科技取得的成就。图 4-5 采用了螺旋形状描绘西方艺术史，反映了西方艺术史从公元前到公元后的发展历程。

图 4-4　中国航海科技成就信息图

图 4-5　西方艺术史发展

## 4.1.3 甘特图

以甘特图演绎时间流动。甘特图是以亨利·劳伦斯·甘特的名字命名的图表，也称为横道图或条状图。甘特是科学管理制度的合作者之一，也是科学管理运动的先驱之一。使用甘特图可以直观地展示计划何时进行、进展以及完成情况，有助于管理者了解项目的进展情况并评估工作进度。图 4-6 是项目进度表，通过时间刻度、进度表和考勤表结合，综合展示信息可视化 1 组同学三个项目的完成情况和小组成员的出勤情况。

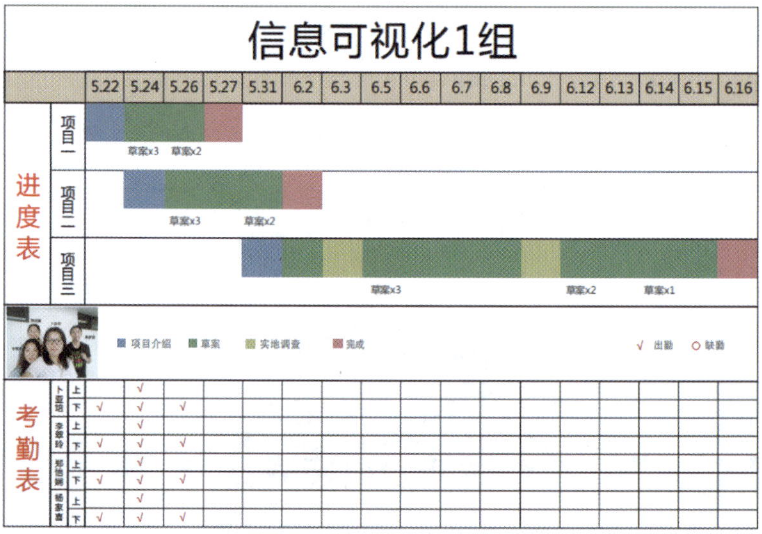


图 4-6　项目进度表

# 任务 4.2 项目实践

## 4.2.1 项目实践一

**实践项目：以“我的一周”为主题，开展时间信息可视化设计训练。**

请学生记录个人一周的学习、生活、娱乐、运动等各种活动消耗的时间，利用时间信息可视化表达形式完成信息图设计。

实践要求：题目自拟，作品要求色彩搭配协调，图形设计风格统一，版式设计合理，视觉传达效果佳。作品格式为 JPG，颜色模式为 RGB，分辨率为 300dpi，规格为 A3。

### 1. 选题分析

现代管理学专家彼得・德鲁克说过，管理的核心是自我管理，而自我管理的核心是时间管理。这意味着有效地利用时间是成功管理的关键。在日常工作中，人们有时候会觉得时间不够用，无法高效完成工作。因此，设计“我的一周”时间信息可视化图表可以帮助人们更好地了解自己的时间利用情况，找到时间利用的不足之处，并提高时间利用率。

通过“我的一周”信息可视化设计，人们可以记录自己一周的时间消耗情况，包括各种活动的时间分配情况；直观地了解自己的时间利用情况，比如哪些活动占用了大量时间，哪些活动可以优化时间利用效率。这样，人们可以根据自己的时间利用情况制定更加合理和高效的时间管理计划，从而提高自己的工作效率和生产力。

### 2. 数据收集

记录一个人一周内的时间安排。例如：可以记录每天所花费的时间，包括上学 / 上班、吃饭、睡觉、娱乐活动、运动、学习等。

### 3. 数据组织

对记录的数据进行归纳整理，通过思维导图形式展示，并梳理数据以及数据之间的层级关系，如图 4-7 所示。

### 4. 版式设计

以手机界面设计形式表达信息图，形式更贴近生活，同时模块化让信息更具有秩序感。图 4-8 为手机界面设计的布局图。

### 5. 视觉设计

（1）素材制作。

利用可视化思维完成文字到图的转化；通过图文并茂的形式表达信息，完成信息图素材制作。图形表达要直观、准确，同时图形具有一致性，如做作业、吃饭、休息、打球等

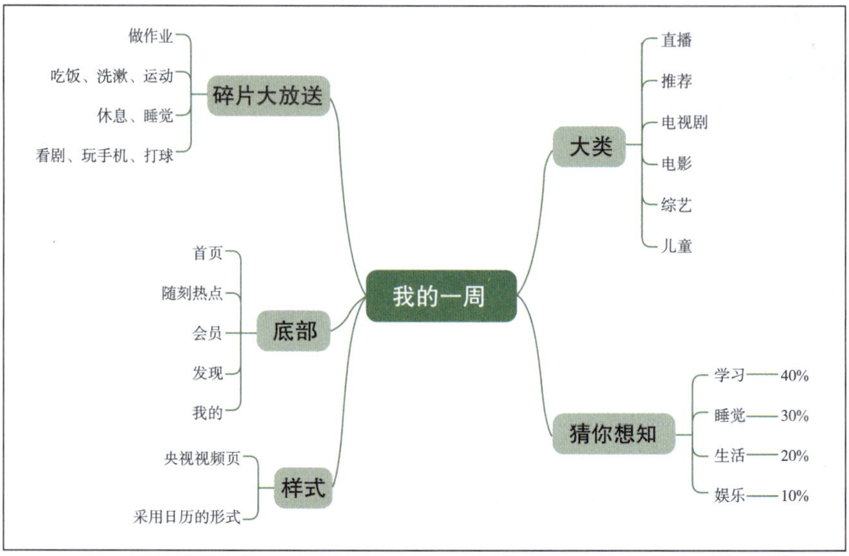


图 4-7　思维导图

图 4-8　布局图

活动的插图风格要一致，提高整个画面的趣味性。另外，考虑每天的时间如何分配，利用统计图展示，更加直观。

（2）信息图设计与制作。

当开始设计信息图时，可以使用不同的颜色和字体来区分不同的活动，以便读者更容易理解数据。还应该确保信息图表具有足够的标签和注释，以便读者了解数据来源和意义。最后，可以使用信息图表来分析自己是否合理有效地利用了时间，并制订计划提高时间利用率。

项目参考了移动界面设计的首页，如图 4-9 所示，主要分为三个板块：日历图、猜你想知以及碎片大放送。在日历图模块中，通过不同颜色表示一周每天的活动以及活动占用的时间，直观地看到大部分时间花费在睡觉和学习上。在“猜你想知”模块中，把学习、睡觉、生活和娱乐四项活动占用时间用水平柱状图表达时间占比关系，并按照从高到低的顺序编排，提升阅读效率。在“碎片大放送”模块中，以可视化图形展示活动，设计风格一致，丰富整体视觉效果。

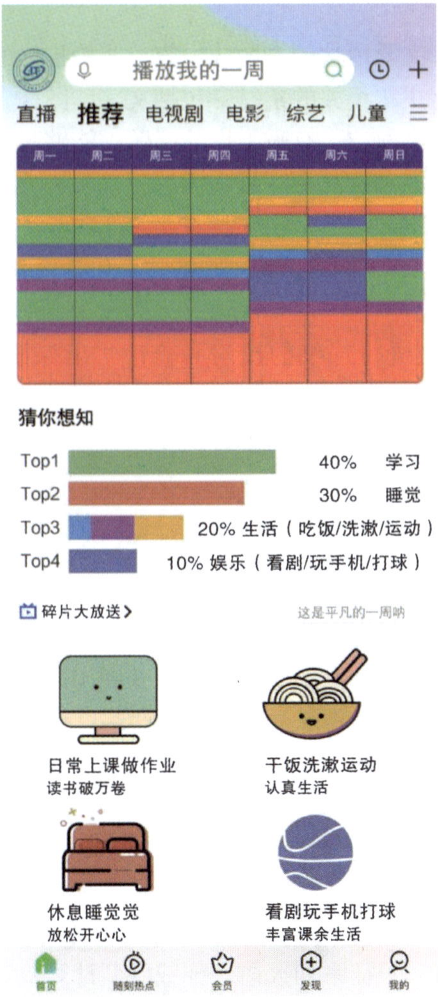


图 4-9　播放我的一周（设计：曹华铃）

## 4.2.2 项目实践二

**实践项目：第六届广东高校媒体展示节“粤易文化”宣传作品创作**

项目以“学史立志，知史爱国，明史担责”为主题展开，展示学生党史学习教育成果。以微信推文形式发布，要求围绕青年学生爱国爱民、锤炼品质、勇于创新、实学实干等精神主题创作作品。

实践要求：根据主题完成推文设计与制作，发布作品并提供二维码。

### 1. 选题分析

为深入学习贯彻习近平新时代中国特色社会主义思想，创新网络思想政治教育，推动高校网络文化建设，加大优秀网络文化供给力度，充分发挥网络文化活动滋养人心、凝聚力量的积极作用，迎接建党 100 周年，特举办本活动。

### 2. 设计流程

推文设计与创作如下：

（1）主题确定：确定推文要传达的主题或内容，明确推文的目的和受众。

（2）素材收集：收集与主题相关的素材，包括文字、图片、视频等。

（3）标题设计：设计一个简洁、有吸引力的标题，能够吸引读者的注意力。

（4）内容撰写：根据主题和素材撰写推文内容，确保内容简洁明了、清晰易懂、有说服力。

（5）长图设计：根据推文内容调整推文的格式，包括段落分行、字体大小、排版等，使其易于阅读。

（6）校对修改：对推文进行仔细的校对和修改，确保语言通顺、无错别字和语法错误。

（7）发布推广：将推文发布到适当的平台，并进行宣传推广，吸引读者关注并传播。

### 3. 实践过程

（1）主题确定：中国共产党建党 100 周年，推文以重大历史事件为节点，记录血与火淬炼的伟大征程。

（2）素材收集：主题内容具有明确时间线，因此推文可以通过日记的形式展示。

收集历史大事件，包括五四运动、中共一大、井冈山会师、红军长征、抗日战争、新中国成立、两弹一星、铁人精神、恢复高考、港澳回归、科教兴国、奥运之梦。

（3）内容撰写：以“科教兴国”为例，开展文案写作。

20 世纪末，世界科技革命出现新的高潮，科学技术成为决定国家综合国力和国际地位的重要因素。在高度重视科学技术、推动现代化建设的基础上，1995 年，党中央确立实施科教兴国战略。科教兴国是指全面落实科学技术是第一生产力的思想，坚持教育为本，把科技和教育摆在经济社会发展的重要位置，增强国家的科技实力。随着科学技术的发展，我国科技事业取得巨大成就，长征系列火箭、神威巨型计算机等一个又一个备受瞩目的科技成果出现在人们视野中，科教兴国战略成为我国科技发展的一大里程碑。

（4）素材设计：将文本内容转化为具有视觉表现力的图形素材，以增强内容的吸引力和可读性。精简文字内容，提取关键信息，然后通过可视化思维将其转化为图形元素，如图表、图标、插图等。在素材绘制过程中，可采用扁平插画设计风格，因为这种风格通常具有简洁、明亮、直观的特点，能够有效地传达信息，提高内容的吸引力。同时，要注意素材的色彩搭配、排版布局等细节，以确保其视觉效果和可读性最大化，如图 4-10 所示。

**图 4-10　科教兴国**

（5）优化设计：对已完成设计图进行修改和完善，以提高整体视觉效果。从图形、内容、格式、排版等方面优化，具体包括边框颜色选用符合主题的红色；背景选用白色内容会更加突出，将图中人物的脸部颜色调整成更加柔和的肉色；内容进一步精简；字体选用手写体，符合日记风格；字体颜色选用黑色，用红色突出重点，标题加粗突出主题。优化后的文案如图 4-11 所示。

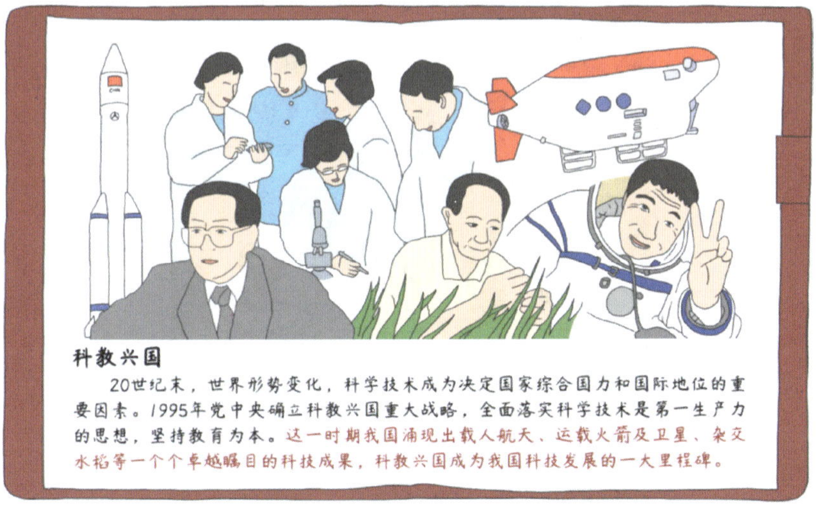


**图 4-11　科教兴国（优化后）**

（6）发布推文：所有独立素材图片完成后，通过长图形式完成整体推文设计。在微信公众号管理平台注册后，进入素材管理页面上传推文长图，并在推文首尾添加引言和结语，然后在发布阶段补充标题和原创声明。

（7）作品展示：扫描图 4-12 所示二维码观看完整作品。

图 4-12　作品二维码

本作品已获得第六届广东高校网络媒体展示节之“粤易文化”作品省级一等奖，作者为李泽英，指导老师为王丹丹。

# 任务 4.3 优秀作品欣赏

▶ 更多优秀作品欣赏：我的一天

## 1.“我的一天”信息可视化设计

以“我的一天”为主题开展时间信息可视化设计，如图 4-13 所示。

图 4-13　我的一天（设计：李泽英）

2. “我的一周”信息可视化设计

以“我的一周”为主题开展时间信息可视化设计，如图 4-14 所示。

更多优秀作品欣赏：我的一周

图 4-14　我的一周（设计：张婉希）

3. 推文优秀作品欣赏

本项目来自第七届广东高校网络文化媒体展示节之“粤易创新”作品创作，活动主题是“奋斗者，正青春”。作品以“秉科学之精神 扬兴国之火炬”为主题开展推文设计与制作。

创作说明：科学家精神是科技工作者在长期科学实践中积累的宝贵精神财富。该作品弘扬科学精神，指引人们学习其中的爱国、创业、求实、奉献、协同、育人的精神，强化使命担当，勇于创新突破，破解时代命题，在创新的路上继续进发。作为新时代青年，大学生要以科学家精神为动力，从中汲取前行力量，步履坚定地向着实现第二个百年奋斗目标阔步前进。

扫描图 4-15 所示二维码观看完整作品。

图 4-15　作品二维码

本作品已获得第七届广东高校网络媒体展示节之“粤易创新”作品省级二等奖，作者为张婉希，指导老师为王丹丹。

## 项目小结

本项目介绍了时间信息可视化的概念与表达以及相关的项目实践。时间流动可以通过时间轴、暗示时间线和甘特图等形式来展示。以“我的一周”为题开展项目实践，通过信息图表呈现学生在学习和日常活动时间分配情况。另外，结合以赛促学的方式，指导学生参加广东高校网络媒体展示节竞赛，以建党百年伟大征程为主题，开展时间信息可视化，并以推文形式展现。

## 课后思考

（1）时间信息可视化的定义是什么？

（2）生活中哪些事情可以利用时间信息可视化来表达？

（3）推文设计与发布需要注意哪些问题？

# 项目 5 图解信息可视化

图解是指利用图形来分析或演算。图解信息可视化旨在通过图形、图像和其他视觉元素将非数值型或大规模数据集的信息以直观、易于理解的方式呈现出来。

知识微课堂：图解设计过程

如图 5-1 就是利用图解可视化完成中国扇文化信息图设计与制作。中国扇文化有着悠久的历史，是中华优秀传统文化的一个组成部分，它与竹文化、佛教文化有着密切关系。中国也被誉为制扇王国。扇子的主要材料有竹、木、纸、扇、象牙、玳瑁、翡翠、飞禽翎毛，其他如棕榈叶、槟榔叶、麦秆、蒲草等也能编制成各种千姿百态的工艺扇，造型优美、构造精致。如果经能工巧匠精心镂、雕、烫、钻或名人挥毫题诗作画，扇子的艺术价值不可估量。随着时间的推移，扇文化似乎逐渐淡出年轻人的视野。我们需要采用有趣、形象和图解信息可视化的方式将扇文化展示给大家，让更多人了解扇文化。

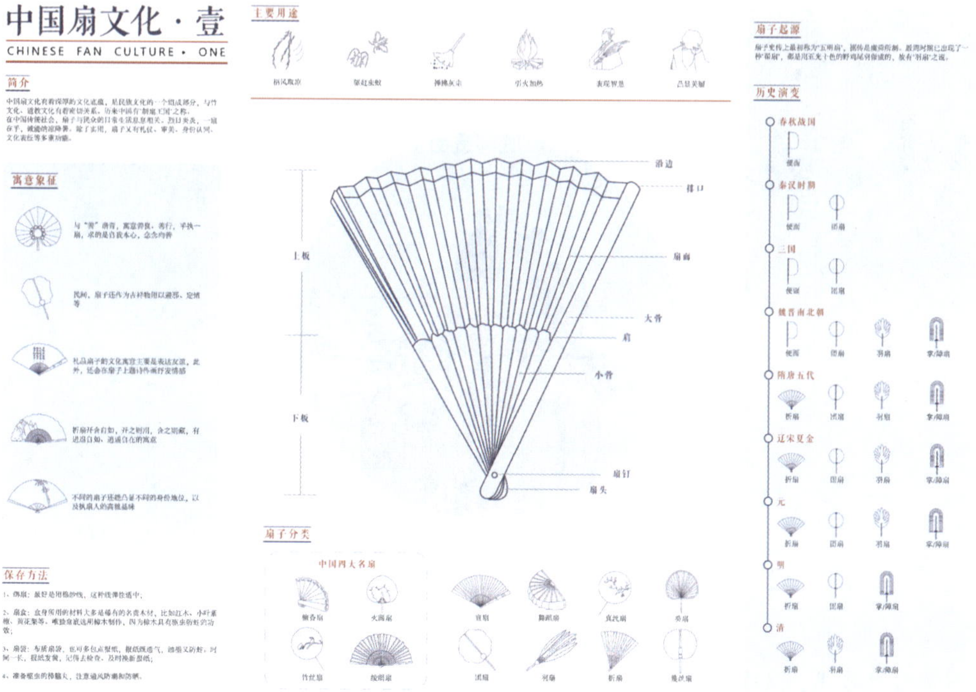


图 5-1　中国扇文化信息图（设计：庞琳洁、任苑华）

# 任务 5.1 图解设计技巧

知识微课堂：图解设计技巧

## 5.1.1 有效性和最小差异

图解设计时需考虑有效性。如图 5-2 和图 5-3 都是心脏构造图，在图 5-2 中，对于心脏构造的名称用单个字说明，人们不清楚单个字代表什么，同时指示线条过于长且粗，排列过于凌乱。图 5-3 所示心脏的每个部位都有详细的文字说明，让读者可以清晰了解心脏构造；用浅色的细线条完成图与文字的对应关系表达，让读者更加关注文字说明而非线条。因此，图 5-3 相比图 5-2 信息传递更具有效性。

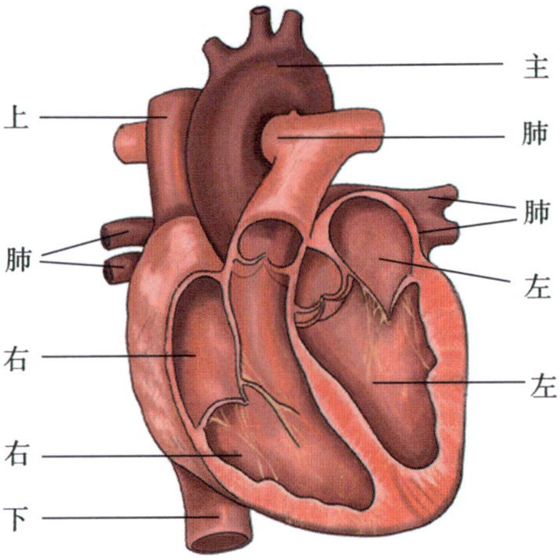


图 5-2　心脏构造图（一）

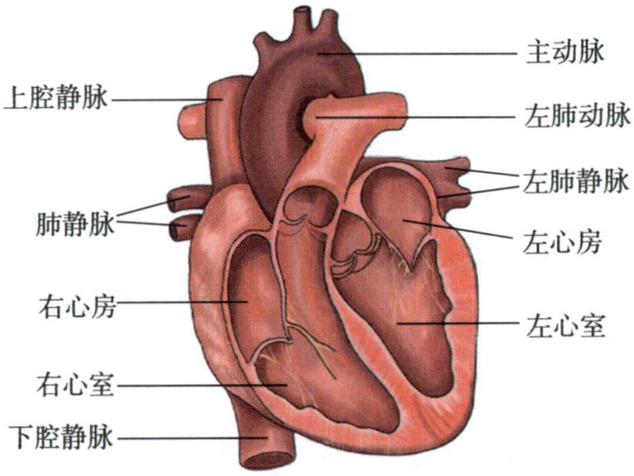


图 5-3　心脏构造图（二）

图解设计要考虑差异性原则。针对信息图设计时，要尽量避免使用过多颜色和对比强烈的颜色，因为这样不利于突出主次关系。如图 5-4 的销售额完成情况案例，使用了饱和度较高、对比性比较强的颜色，用红、绿、蓝、黄和紫色表示每个季度的销售情况。图表里面颜色对比过于强烈，不能很好地确定主次关系，读者无法快速了解图表要突出的重点。图 5-5 则利用红色和绿色两种颜色表示销售情况，饱和度高的红色和绿色突出重点完成三倍销售额和零销售额的内容。同时利用同色系表达其他情况。主体更加突出，读者可以快速获取图表的重要信息。

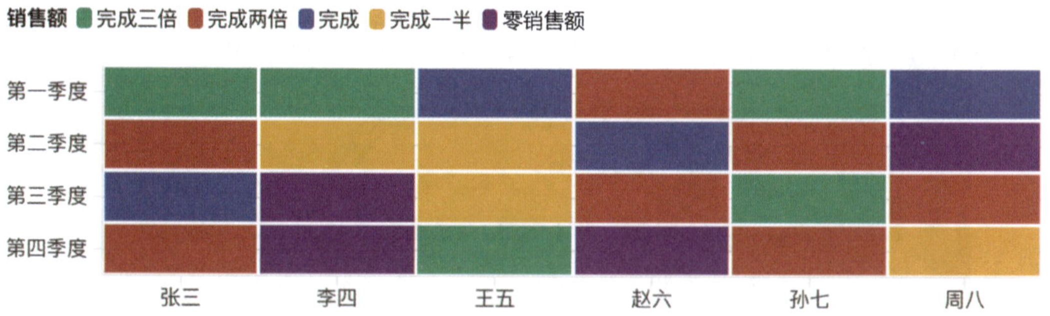


图 5-4　销售额完成情况（一）

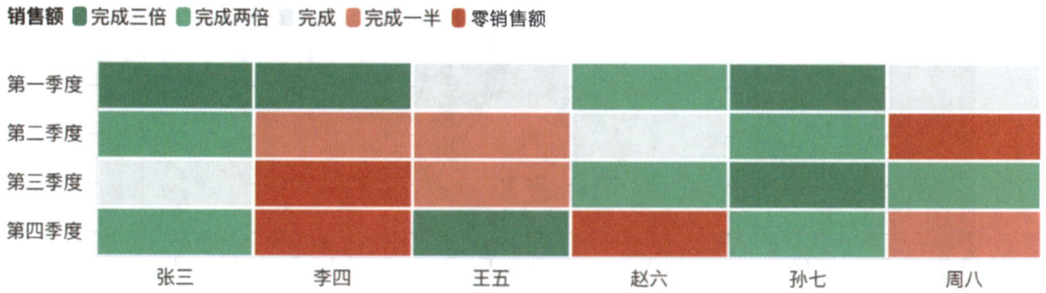


图 5-5　销售额完成情况（二）

## 5.1.2 分层

图解设计在信息量大、内容多的情况下，梳理信息之间的层级关系至关重要。一个清晰、有逻辑的层级结构能够有效地引导读者，帮助读者快速理解复杂的信息。在图解设计中，层级结构通常通过视觉元素的差异来体现，如字体大小、颜色、粗细、排列方式以及图形和线条的使用等。这些元素共同构成了一个视觉层次，引导读者的注意力从主要信息逐步深入次要信息，形成一个有序的信息接收过程。层级结构的设计可以遵循以下原则：

第一，突出主要信息：使用较大的字体、鲜明的颜色或特殊的图形来突出主要信息，使其成为读者首先关注的部分。如图 5-6 中“一秒入戏”，用了红色的大字，并加入红色粗线条的边框突出标题。

第二，明确信息分类：将相关信息划分为不同的类别，并使用不同的视觉元素来区分这些类别，以便读者能够清晰地看到信息之间的关联和差异。如图 5-6 中，分别用不同形状的线框和字体将京剧文化分为代表流派、四大名旦、角色划分和服饰展示四部分。

第三，建立逻辑顺序：通过合理的排列和布局，建立信息之间的逻辑顺序。这可以通过从左到右、从上到下的排列方式，或者通过箭头、连接线等视觉引导元素来指示信息的流动方向。如图 5-6 所示，通过线框和连接线，将京剧的发展以时间顺序从左到右进行编排。

第四，保持简洁明了：在设计层级结构时，尽量保持简洁明了，避免过多的视觉元素和复杂的布局方式，以免干扰读者的注意力。如图 5-6 中，用细线框将京剧文化代表流派、四大名旦、角色划分和服饰展示分割成四块区域。

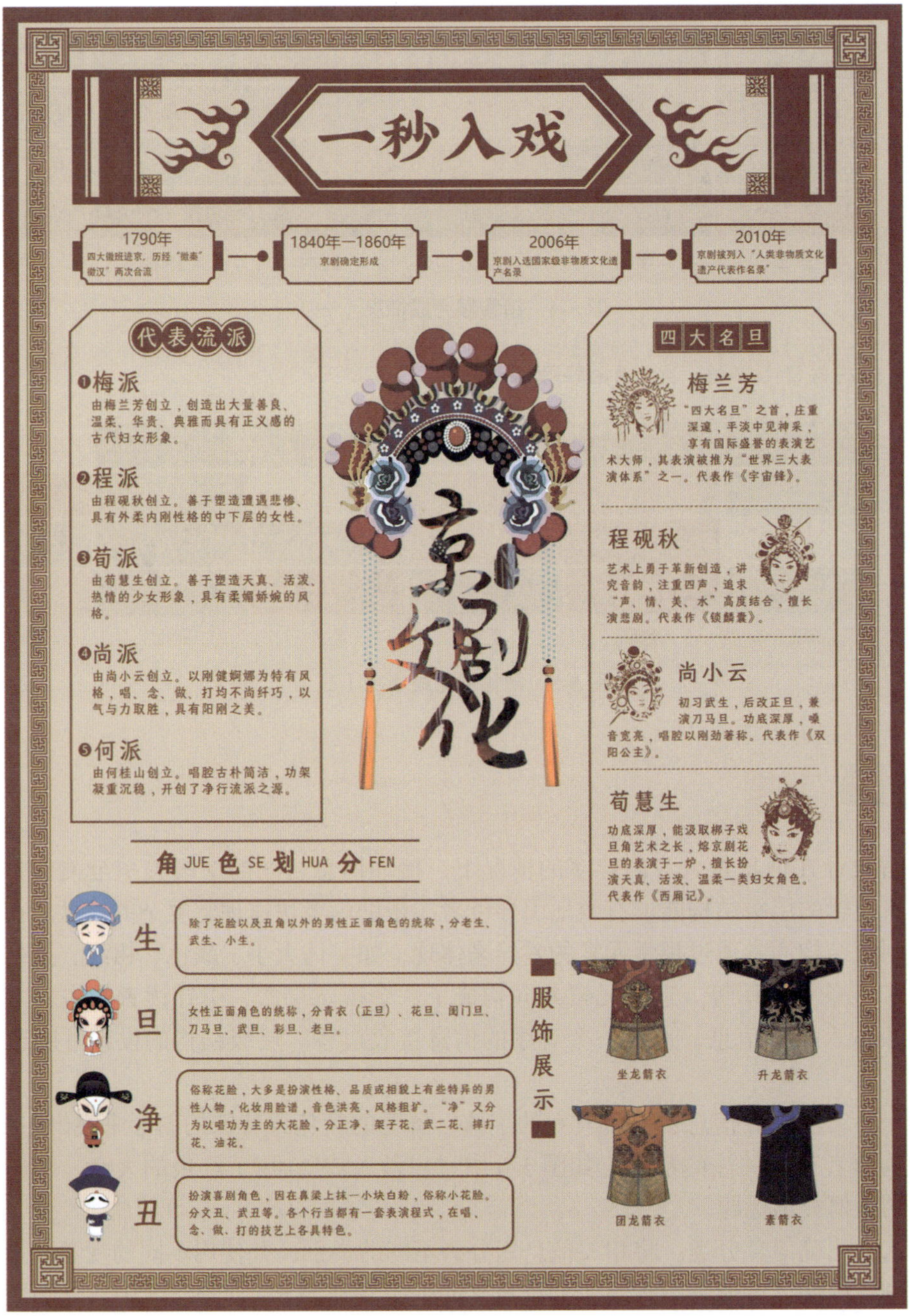


图 5-6　京剧文化信息图

图 5-7 是高尔夫手腕固定器佩戴方法。佩戴过程分为 3 步，用红色箭头指示重点突出每步操作过程。保证手腕固定在正确位置，可阻止击球时手腕的弯曲，从而保持杆面正面将球击出，形成有效的直线击出球，避免出现右曲球。此外，用网格进行排版，对内容进行有效分隔，具有秩序感。

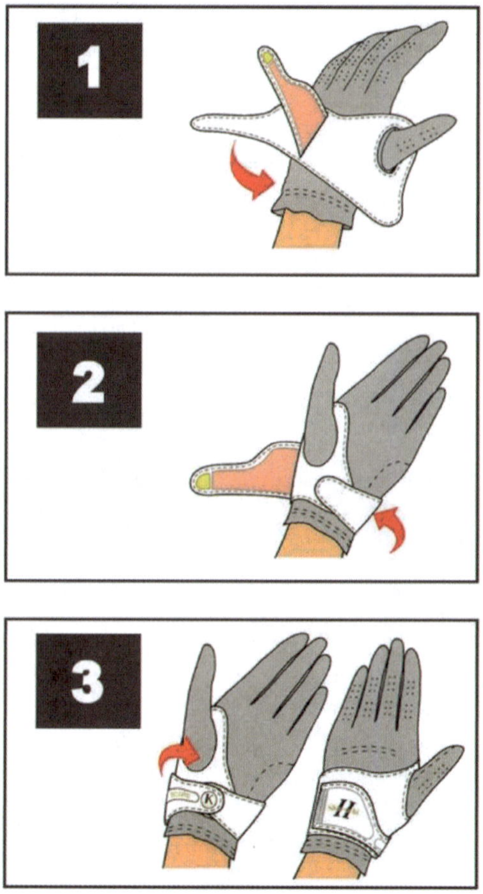


图 5-7　高尔夫手腕固定器佩戴过程

## 5.1.3 宏观与微观

宏观是哲学术语，泛指大的方面或总体。微观是科学用语，与宏观相对。信息可视化设计里的宏观与微观，可以理解为需要从宏观与微观的角度呈现内容。如图 5-8 所示广东凉茶的案例，广东凉茶是信息图标题，整幅图都是关于广东凉茶的，因此标题是信息图的宏观视觉表达。制作凉茶需要三步，即采集、研磨、熬制，制作完后方可饮用。每个阶段都有详细的解释说明，通过微观视角呈现凉茶制作与饮用各阶段的注意事项。通过宏观和微观结合，让信息图设计层次结构分明，内容逻辑性更强。

图 5-8　广东凉茶信息图（设计：李泽英）

## 5.1.4 1+1=3 或更多

在信息图设计制作中，常用颜色、图形、文字呈现信息，但在图形表达上，如果使用不当，会产生不必要的干扰。这里的干扰是指在图和底之间形成强烈对比而产生干扰的现象，出现 1+1=3 或者更多的现象。

在统计图表中，色彩的选择、图例的设计都会影响信息图的视觉效果。图 5-9 是某班级学生近视情况的统计图，从图中可以看到近视学生和不近视学生的比例。近视的两种情况用两种颜色表示，但在用饼状图表达的时候，中间边缘又多出一种白色边缘线。这样两种情况出现了三种颜色，即可以理解为 1+1=3。

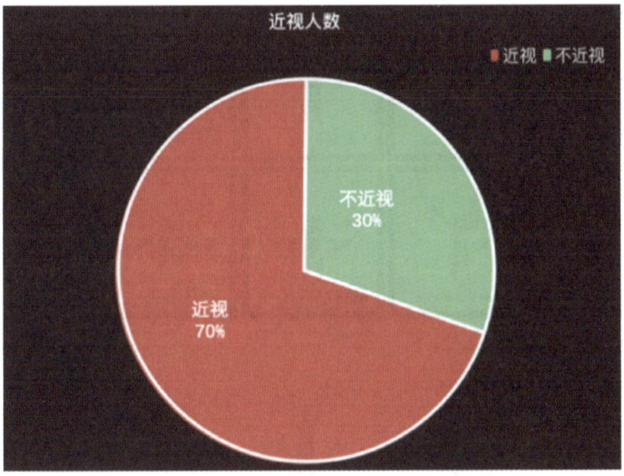


图 5-9　某班级学生近视情况统计

如果图例的颜色不用纯色，利用黑白线条的形式，那会出现更多的干扰。如图 5-10 所示，图中运用各种形式的黑白条纹或者格子作为图例，让统计图表变得更加复杂、形式更加混乱，导致读者不能高效、快速获取有用信息。这种就属于 1+1 等于更多的现象。

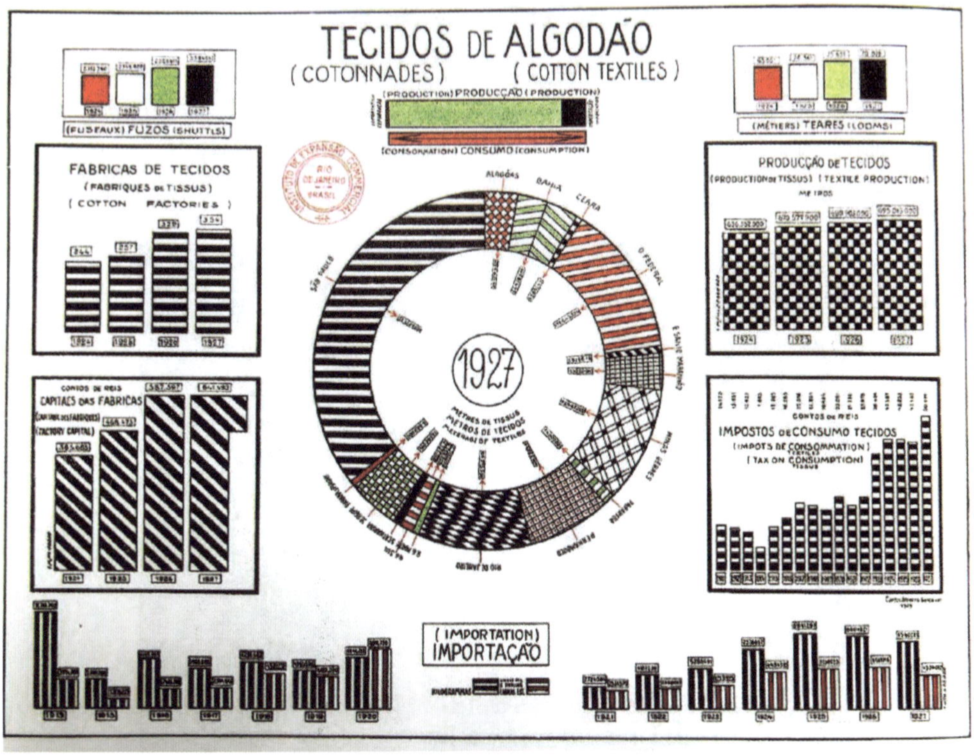


图 5-10　统计图表示例

简化的图形和适当的配色可以直接而有效地传达信息。在图 5-11 中，飞机地面指挥员操作手势得到了简化，并使用了两种颜色来突出工具和操作手势，使重点更为突出，读者可以更直接地获取信息。

图 5-11　飞机地面指挥员手势图

色彩选择对信息的清晰表达有重要影响。图 5-12 中加拿大约克大学的地图采用黑色背景，使用深色标注建筑；而图 5-13 采用白色背景，使用高饱和度的颜色标注建筑。两图都传达了地图信息，但图 5-13 利用白色背景使地图背景在视觉上弱化，使得标注物更加突出，主次关系更加明确。

图 5-12　加拿大约克大学校园地图一

图 5-13　加拿大约克大学校园地图二

## 5.1.5 多次波

多次波是地震波研究中会出现的一种干扰波的种类。设计中涉及的多次波是指利用同样的设计结构重复设计几个图形。通过多次波设计，读者可以观察事物变化的过程。图 5-14 可以清晰地展示人的活动过程，用慢镜头记录人从蹲下到直立活动的全过程。

图 5-14　人活动过程图

另外，多次波中重复使用图形，使读者更加关注变化的信息，可以用于评估不同的方案。图 5-15 是系领带的分解图，上图和下图都用了多次波，读者可以关注到系领带的变化过程。但是下图把非必要信息，如人的头和面部去掉，同时给领带配上颜色，更加突出领带本身，读者更能关注到领带变化的过程。

图 5-15　系领带分解图

# 任务 5.2 信息可视化表达

信息可视化需要利用视觉语言进行表达，完成主题信息图设计。信息图设计也可以理解为信息可视化的设计与表达。信息可视化表达就是在视觉传达的理论知识的指导下，结合读者需求，利用图形、文字、色彩、版式等要素，完成一幅信息完整、视觉效果美观的信息图，达到信息表现与传播的目的。信息可视化表达主要涉及四个方面的内容设计：版面样式、图形符号、字体选择、色彩搭配。

知识微课堂：
信息可视化表达

## 5.2.1 版面样式

信息图的版面样式是指根据信息图的主题需求，为信息图设计结构编排方式，建立合理的层级关系。如图 5-16 大灵猫信息图，以研究对象大灵猫作为信息图的主体物，大灵猫相关信息包含大灵猫简介、栖息环境、种群现状、繁殖、残酷现象等都分布在大灵猫的周围。每一部分内容都遵循版式设计的四个原则，即对齐、重复、对比和亲密。

版面样式需要建立合理的视觉流程以提升信息读取速度。由于信息图包含大量信息，信息图版面样式设计须充分考虑读者阅读习惯（即从左到右、从上到下的阅读习惯）。此外，也可以利用线条、箭头等引导符号指引读者读取流程。同时，通过设计字体大小、颜色、边框图形等方式突出重点，引导读者按照阅读顺序阅读。图 5-17 是羊毛衣服制作过程，通过箭头引导读者了解“羊→羊毛→运输→工厂→衣服”的制作过程。

图 5-16　大灵猫信息可视化（设计：濮万玉）

图 5-17　羊毛衣服制作过程（设计：程嘉茵、陈祥媛、张伟媚、周蓬鑫）

## 5.2.2 图形符号

图形符号是指以图形为主要特征，通过易于理解、与人直觉相符的形式传达信息的一种载体。它是负载和传递信息的中介，是认知事物的一种手段。图形符号具有直观、简洁、易懂、易记的特征，便于信息的传递，使不同年龄、不同文化背景、使用不同语言的人都能接受和使用，广泛应用在社会生产、生活的各个领域。在信息可视化中，一般会利用图形符号完成信息图内容设计。图 5-18 是一组中国传统节日信息图，这里面每张信息图中都是用一个图形符号代表一个节日。图形符号的设计要体现节日的特色，比如可以是节日习俗或者节日美食。

图 5-18　中国传统节日信息图（设计：李洁仪）

## 5.2.3 字体选择

信息图中包含大量的信息，除用图形、图像展示外，文字是必不可少的。字体具有强化信息、加强表达和烘托氛围的作用，也具有点缀和视觉上统一性的作用。因此，字体的选择对于信息图设计也至关重要。字体本身具有时间、空间、情感和象征性的属性。用图片结合文字设计时，文字会使设计传达的信息更准确，图形设计也更为具象。字体既是信息的载体，又是设计的一种表现形式，每个字体都有它独特的性格。

黑体具有大方、沉稳、有力、规矩的气质，可塑性强，是使用频率最高的字体之一，可用于商业、教育、地产、美食、工业、医疗、运动、政府、网络等方面。

宋体具有优雅、文艺、内涵、时尚的气质，是印刷中使用最广泛的字体，棱角分明、装饰性强，笔画有规律性，可应用在文化、艺术、女性、美食、养生、时尚、生活等方面。

圆体具有活泼、圆润、大方、沉稳的气质。圆体是从黑体演变而来的，笔画末端圆润，既有黑体的严肃，又有点活泼。圆体不适用于严肃的主题，具体可用在文化、艺术、女性、儿童、时尚、活泼、游戏、美食等方面。

卡通体具有活泼、自由、儿童、个性的气质，有很强的随机性，个性活泼，有强烈的儿童气息，具体可应用在儿童、教育、少女、萌系、可爱、纯真、游戏、美食等方面。

艺术体个性极强，是最具中国味的字体，字形有张力，是可秀丽、可狂野的字体，具体可应用在动感、夸张、艺术、文化、力量、强调、装饰等方面。

图 5-19 是一组中国传统节日信息图，以滑板作为信息图的载体。每张图中节日名称的字体都经过精致的字体设计，完成对节日的诠释。该图设计者对于传统文化主题的内容，利用有韵律的书法体，烘托传统节日的氛围与节日文化。

图 5-19　中国传统节日信息图（设计：庄棵津、张洁）

## 5.2.4 色彩搭配

信息设计是为了更好地传递信息，色彩可以更好地突出层次关系。传统色彩要素是色相、纯度和明度。色相是指色彩的相貌，是色彩最直接的表达。纯度是指色彩的鲜艳程度，纯度最高的色彩叫纯色，纯度最低的是无色彩。色彩的明亮程度叫明度。在包豪斯体系色彩分析中，关键要素涉及冷暖、色相和色调。其中，红色、黄色和橙色为暖色；蓝色、紫色和绿色为冷色。

色相可以表达不同的气质。在信息可视化设计中全面理解色相，能自如运用色彩，有助于信息的设计与表达。

红色色相具有女性、性感、能量、力量、热闹、高端、奢华、文化、艺术、历史、民俗、节日、喜庆、权利、危险、恐怖等气质；黄色色相具有卡通、儿童、活力、青春、文化、艺术、醒目、促销、美食等气质；橙色色相具有秋天、丰收、食品、饮料、甜味、快乐、幸福、卡通、儿童等气质；蓝色色相具有天空、自然、科技、医疗、商业、干净、寒冷等气质；绿色色相具有自然、环保、纯净、青春、活力等气质；紫色色相具有女性、优雅、神秘、浪漫、幻想等气质。

图 5-20 是一组以邮票为载体的信息图。每个节日包含必要的文字信息，并用图形符号诠释节日习俗或美食。每张邮票的主色也契合了传统节日的属性。例如：喜庆的春节运用红色；寒食节和清明节在 4 月，4 月万物复苏，运用了两种不同的绿色表达节日；端午节有吃粽子的习俗，运用了粽叶的颜色表达节日；七夕运用了浪漫气质的紫色表达爱情；中秋运用了暖暖的橙色表达团圆；冬至在 12 月，用冷色蓝表达冬至的节气。

图 5-20　中国传统节日信息图（设计：曾建丽、倪妙红）

# 任务 5.3 项目实践

**实践项目：以“中国传统节日”为主题开展图解信息可视化设计训练**

请每组学生设计中国传统节日的信息图，从各种角度收集传统节日的风俗，比如从食物、地域、风俗、南北差异等不同角度去诠释节日属性。信息图可采用插画、剪纸、字体设计等多种形式表现。节日包含春节、元宵节、寒食节、清明节、端午节、七夕节、中秋节、重阳节、冬至、腊八节、除夕、灶王节等，可用系列图完成信息图。

知识微课堂：图解可视化实践

实践要求：题目自拟，中国传统节日相关信息收集充分，图文并茂；色彩搭配协调，契合主题；图形设计风格统一；版式设计合理，视觉传达效果佳。作品格式为 JPG，颜色模式为 RGB，分辨率为 300dpi，规格为 A3。

### 1. 选题分析

中国传统节日是中华优秀传统文化的重要组成部分，形式多样、内容丰富，承载着深厚的文化内涵和历史传统。传统节日之所以传统，是因为它有广泛的民间基础，代代传承。但是在市场经济快速发展的今天，传统节日的节日氛围越来越淡，特别是年轻人对外国节日表现出浓厚的兴趣，而对中国传统节日了解甚微。为了让更多人了解和认识中国传统节日，感受民族文化自信，我们以中国传统节日为题开展信息可视化项目实践。

### 2. 数据收集

根据项目要求收集中国传统节日相关知识，如节日来源、背景、风俗文化、南北方差异、节日特有的食品、与节日相关的诗词等。举例如下。

春节：正月初一为春节，是新的一年的开始。春节起源于殷商时期年头岁尾的祭神祭祖活动，是中国最盛大、最热闹、最重要的一个传统节日。节日活动主要有拜年、贴春联、燃放爆竹、包饺子等。描写春节的诗作代表之一是北宋王安石的《元日》：“爆竹声中一岁除，春风送暖入屠苏。千门万户曈曈日，总把新桃换旧符。”

元宵节：正月十五为元宵节，又称上元、元夕、元夜，有观灯、吃元宵（汤圆）的习俗。南方包汤圆，北方滚元宵。自唐朝起就有观灯闹夜的民间风俗。北宋时从正月十四到正月十六，开宵禁，游灯街花市，通宵歌舞，盛况空前。描写元宵节的词作代表之一是宋代文学家欧阳修的《生查子·元夕》：“去年元夜时，花市灯如昼。月上柳梢头，人约黄昏后。今年元夜时，月与灯依旧。不见去年人，泪湿春衫袖。”

寒食节：寒食在清明前二日或一日，不得用火，吃冷食三日。传说晋文公流亡时，介子推曾为他割股充饥，但晋文公归国为君后，介子推不求利禄，携母隐居。后来晋文公请介子推出山，他不愿为官，最后晋文公放火焚山，介子推抱着母亲被烧死在树下。后人为纪念忠臣义士，在介子推死难之日不生火，吃冷食。描写寒食节的诗作代表之一是唐代诗人韩翃的《寒食日即事》：“春城无处不飞花，寒食东风御柳斜。日暮汉宫传蜡烛，轻烟散入五侯家。”

清明节：清明节通常在每年的 4 月 4 日至 4 月 6 日之间，主要活动是扫墓和踏青。清明为二十四节气之一。描写清明节的诗作代表之一是唐代杜牧的《清明》："清明时节雨纷纷，路上行人欲断魂。借问酒家何处有？牧童遥指杏花村。"

端午节：端午节为农历五月初五，习俗有赛龙舟、吃粽子、采艾叶、系红线等。传说是为纪念屈原在五月五日跳汨罗江自尽，所以端午节也是纪念屈原的节日。描写端午节的诗作代表之一是宋代张耒的《和端午》："竞渡深悲千载冤，忠魂一去讵能还。国亡身殒今何有，只留离骚在世间。"

七夕节：七夕节为农历七月初七，又叫乞巧节。传说牛郎、织女每年此夜通过天河相会，妇女们摆酒脯、瓜果于庭前，用五色线对月穿七孔针，过者为巧，谓之"乞巧"。七夕节可以说是中国的情人节。描写七夕的词作代表之一是秦观的《鹊桥仙》："金风玉露一相逢，便胜却人间无数。柔情似水，佳期如梦，忍顾鹊桥归路！两情若是久长时，又岂在朝朝暮暮。"

中秋节：中秋节为农历八月十五。此时为秋分前后，秋高气爽，月亮圆时显得更为明亮皎洁。在这个节日，家人团聚，一起赏月、祭月、吃月饼等。中秋节传说是为了纪念嫦娥。中秋节美食首推月饼，其起源说法多样。描写中秋节的诗作代表之一是宋代晏殊的《中秋月》："十轮霜影转庭梧，此夕羁人独向隅。未必素娥无怅恨，玉蟾清冷桂花孤。"

重阳节：重阳节为农历九月九日，九为阳数之极，故名。重阳节有登高、赏菊、饮酒、佩戴茱萸的习惯，现定为老人节。描写重阳节的诗作代表之一是唐代王维的《九月九日忆山东兄弟》："独在异乡为异客，每逢佳节倍思亲。遥知兄弟登高处，遍插茱萸少一人。"

腊八节：冬至日白昼最短，古人将其看作节气的起点，要举行庆祝祭祀活动。古代于岁末要举行腊祭，该日称腊日（日期不定），该月称腊月。佛教传说释迦牟尼于十二月初八成道，故佛寺此日要煮粥敬佛，受此影响，民间将腊日定在此日（即腊八），并煮腊八粥。描写腊八节的诗作代表之一是唐代杜甫的《腊日》："腊日常年暖尚遥，今年腊日冻全消。侵陵雪色还萱草，漏泄春光有柳条。"

小年：小年为农历十二月二十三或二十四日（现今为二十三日），又称祭灶日，据说灶王爷是被派往民间的监护神，每年此日上天报告民间善恶，于是此日祭灶，期望灶王爷说自己的好话。描写小年的诗作代表之一是宋代吕蒙正的《祭灶诗》："一碗清汤诗一篇，灶君今日上青天。玉皇若问人间事，乱世文章不值钱。"

除夕：除夕是一年的最后一晚，旧岁至此夕而除，次日即新岁，故称。习俗有避邪（燃爆竹）、守岁、吃团圆饭等。描写除夕的诗作代表之一是唐代史青的《应诏赋得除夜》："今岁今宵尽，明年明日催。寒随一夜去，春逐五更来。"

### 3. 数据组织

对收集的每个节日的相关数据进行归纳整理，通过思维导图形式展示，并梳理数据以及数据之间的层级关系（见图 5-21）。

### 4. 版式设计

根据思维导图梳理收集的数据，梳理数据的层级关系，合理布局，完成中国传统节日布局图设计，如图 5-22 所示。

## 5. 视觉设计

利用可视化思维，完成文字到图的转化，通过图文并茂的形式表达信息，完成信息图素材制作。注意图形表达要直接、准确，同时图形应具有一致性。

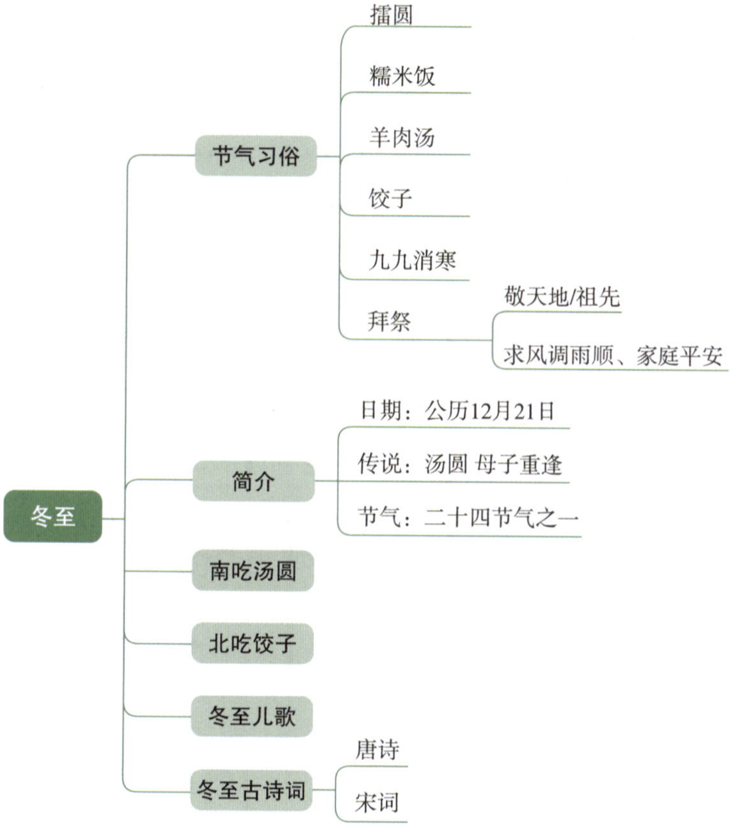


图 5-21　冬至节思维导图

图 5-22　中国传统节日布局图

根据布局图完成信息可视化设计，同时考虑整体视觉效果，其中图形、颜色、文字等整体视觉效果要与表达的主题契合，详见图 5-23。

**图 5-23 中国传统节日信息图（设计：唐琼敏）**

## 任务 5.4 优秀作品欣赏

### 1. 建党百年信息可视化设计

为庆祝建党 100 周年，以“学党史 明初心 知使命”为主题开展信息可视化创作或者以建党百年以来中国科技、航海等方方面面的发展为主题开展信息可视化创作。图 5-24 是建国大业信息可视化设计，诠释了中国创造的百年辉煌。

更多优秀作品欣赏：建党百年信息可视化

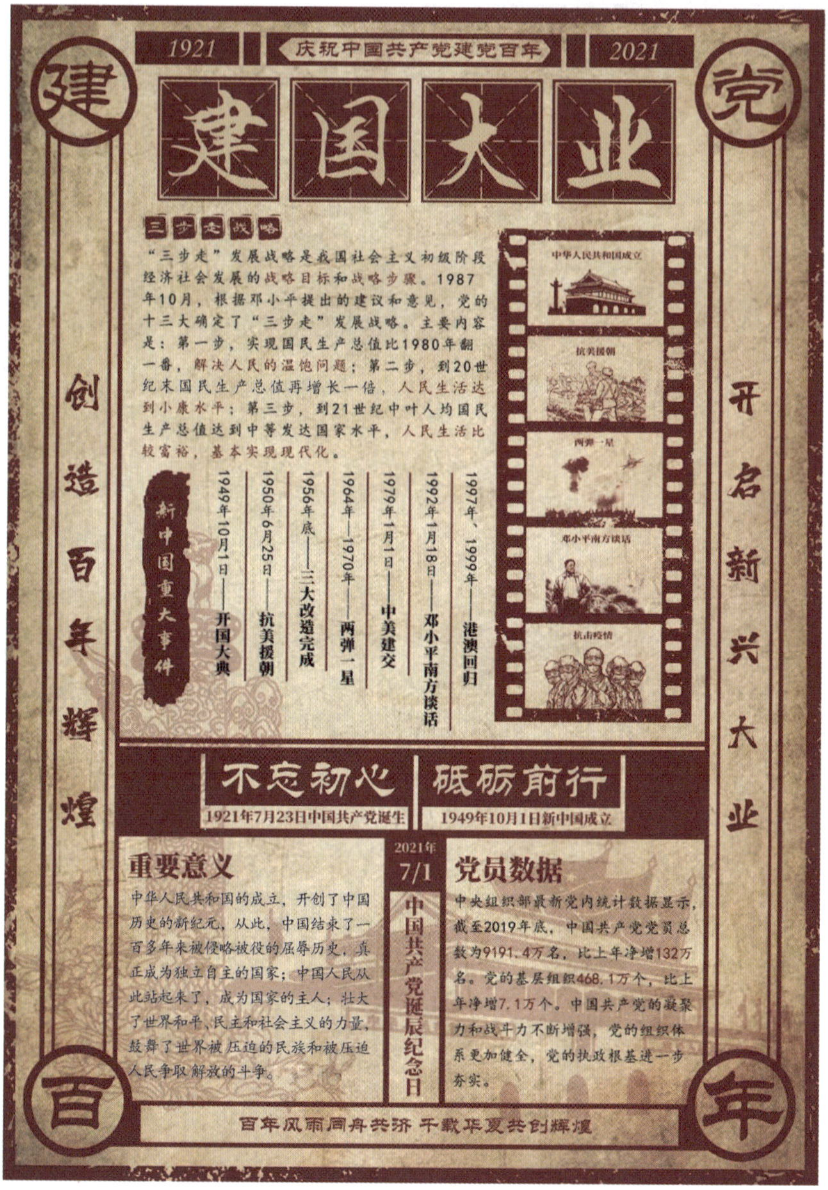


图 5-24 建国大业信息可视化（设计：陈洁莹、蔡思冰）

## 2. 中华优秀传统文化信息可视化设计

中华优秀传统文化信息可视化设计是以中华优秀传统文化为主题开展信息可视化设计，如二十四节气、刺绣、民俗、琵琶、皮影、陶艺、潮州文化、国粹、茶文化等。图 5-25、图 5-26 是中国剪纸信息可视化图。

▶更多优秀作品欣赏：传统文化信息可视化

**图 5-25　中国剪纸信息可视化一（设计：邹静怡、陈欣）**

图 5-26　中国剪纸信息可视化二（设计：邹静怡、陈欣）

### 3. 获奖作品展示

信息可视化获奖作品《门扉》如图 5-27 和图 5-28 所示。本作品已获得广东省计算机设计大赛信息设计赛项三等奖，指导教师为王丹丹。

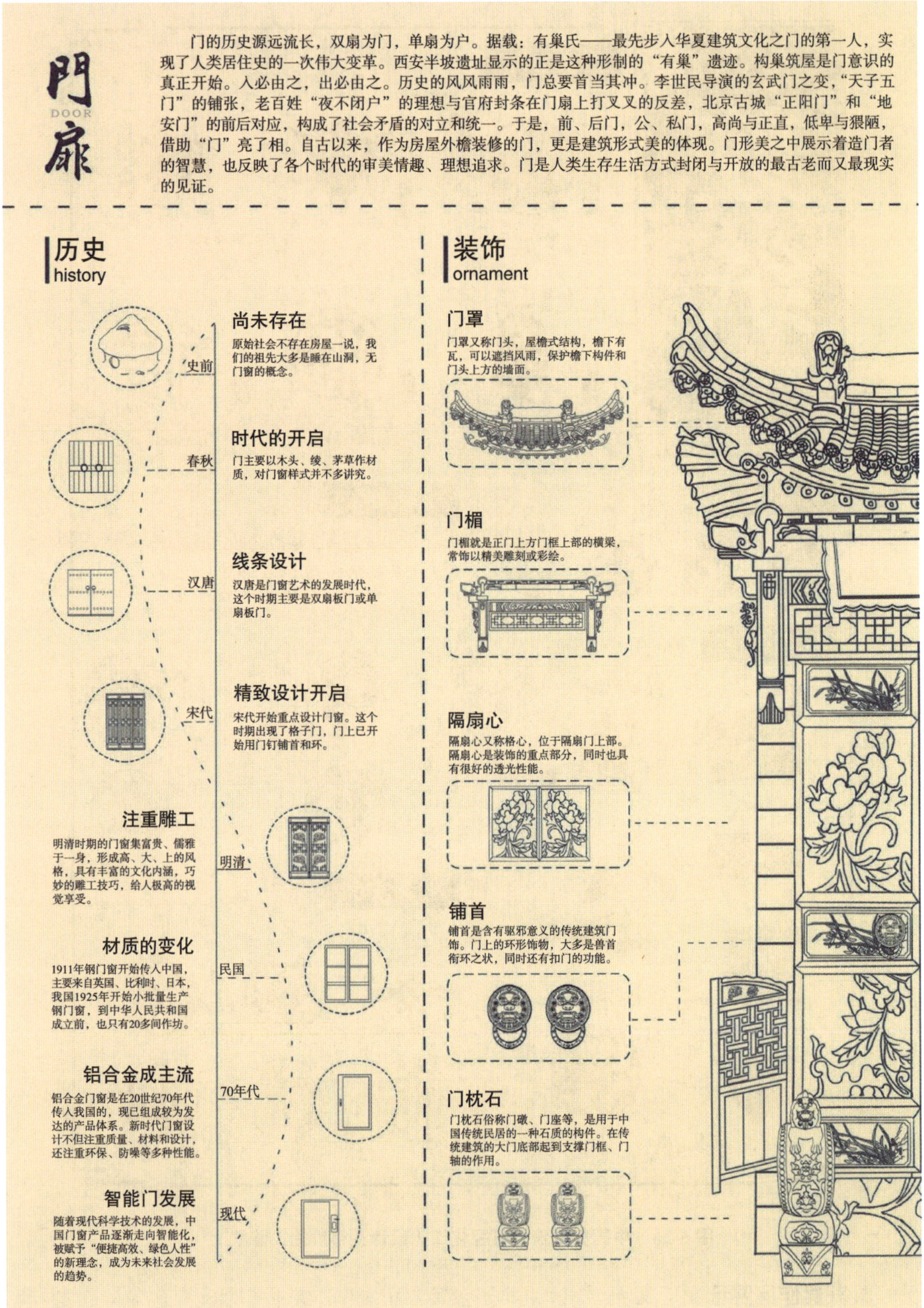


图 5-27 《门扉》信息可视化一（广东省计算机设计大赛三等奖）（设计：苏鹏钊、胡金慧）

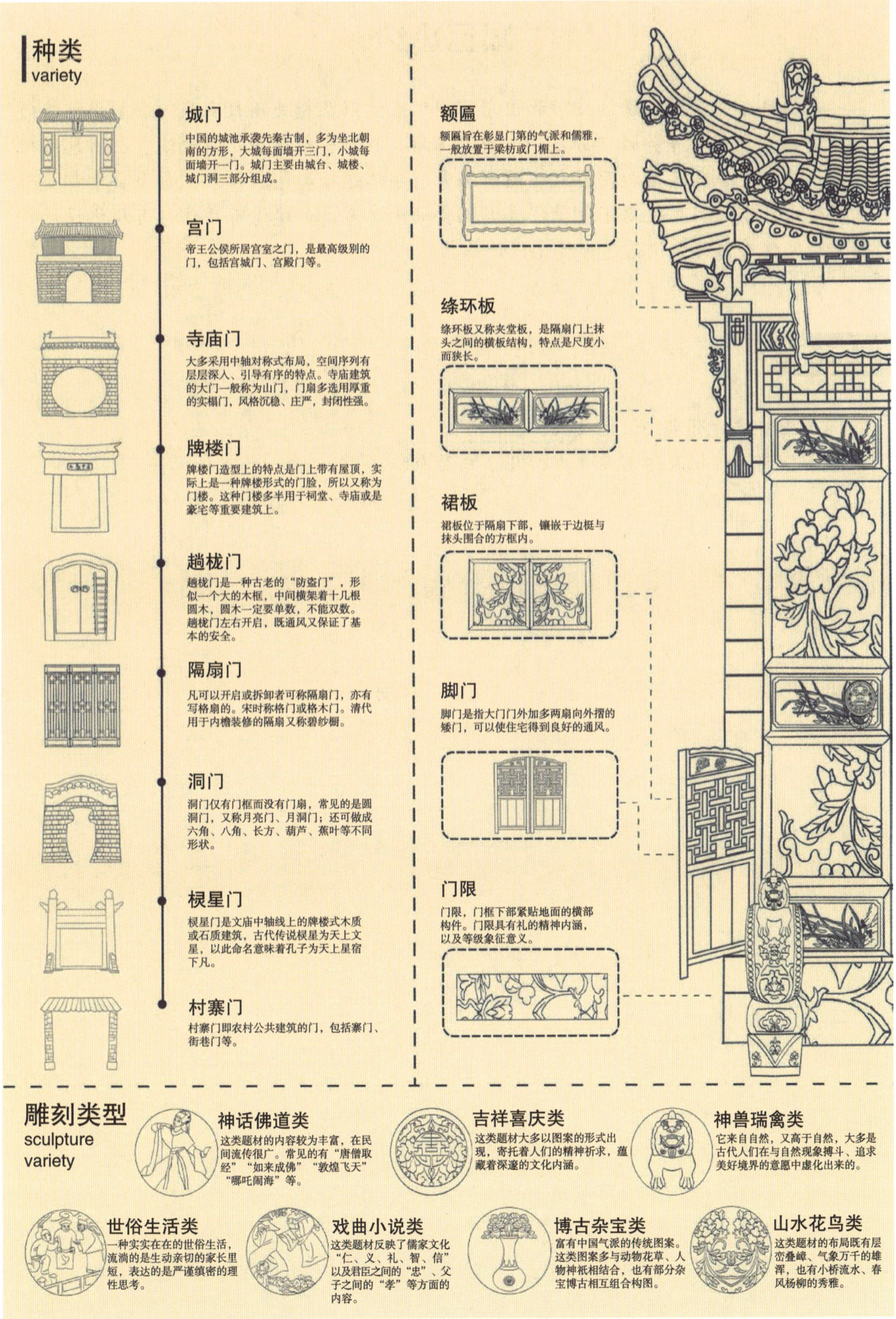


**图 5-28　《门扉》信息可视化二（广东省计算机设计大赛三等奖）（设计：苏鹏钊、胡金慧）**

## 项目小结

本项目介绍了图解设计技巧和信息可视化表达以及相关项目实践。图解设计技巧包括有效性和最小差异性、分层、宏观与微观、1+1=3或更多、多次波。在信息可视化表达中，要合理运用版面样式、图形符号、字体选择和色彩搭配，每个要素都要与主题契合。本项目也提供了大量优秀案例供读者参考，如建党百年信息可视化设计作品和中华优秀传统文化信息可视化设计作品。

## 课后思考

（1）图解设计有哪些设计技巧？

（2）信息可视化表达需要考虑哪几个方面内容？

# 项目6 统计图信息可视化

## 任务 6.1 信息组织方法

知识微课堂：
信息可视化组织原则

### 6.1.1 信息组织原则

著名设计师理查德·伍尔曼在其著作《信息焦虑》和《信息结构》中提出的五架帽概念构成了 LATCH 原则。信息或许是无限的，但是组织信息的方式是有限的，它们可以通过 LATCH 原则来组织。其中，LATCH 分别指的是：位置（Location）、字母表（Alphabet）、时间（Time）、分类（Category）、层级（Hierarchy）。“五架帽”形象描述了五种组织信息的“架子”，每个“架子”上都可以“挂”相应信息，方便人们理解和使用。

#### 1. 位置

根据位置元素组织信息。位置可以是物理位置，也可以是概念上或者空间上的位置。如在日常生活中，商场导视系统、地图导航以及旅游攻略等均是根据位置元素组织信息。如图 6-1 所示的潮州竹篮信息图，整体设计分为两部分，一部分通过图文展示潮州竹篮的制作和相关习俗，另一部分利用地图展示潮州名胜古迹相关文化。

#### 2. 字母表

根据字母顺序组织信息。这是一种处理随机数据的有效方法。当信息量比较大时，利用字母排序组织方式，便于用户快速查找信息。如图 6-2 所示的手机通讯录，按照从 A 到 Z 的顺序排列，可以快速定位到要联系的人。

#### 3. 时间

根据时间先后顺序组织信息。人们习惯用线性的方式思考和组织信息，如会议日程、项目计划、电商平台订单、消息列表、天气预报、公司发展史等，都是根据时间顺序组织信息。图 6-3 是北京市连续 10 天的天气预报，也是利用连续时间完成天气预报的界面设计。

**图 6-1　潮州竹篮信息图（设计：宋钰津、彭燕儿）**

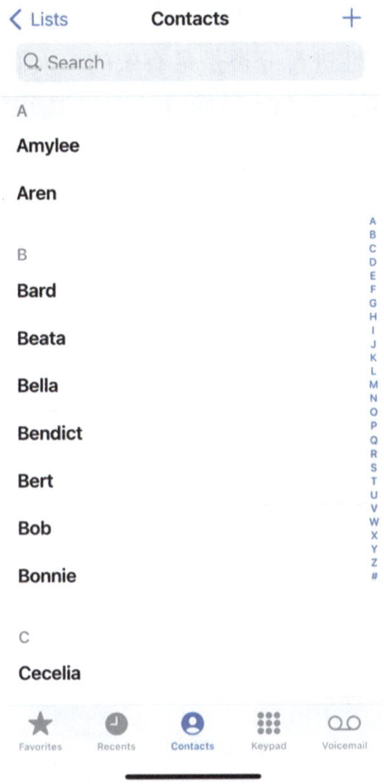


图 6-2　按字母排列通讯录

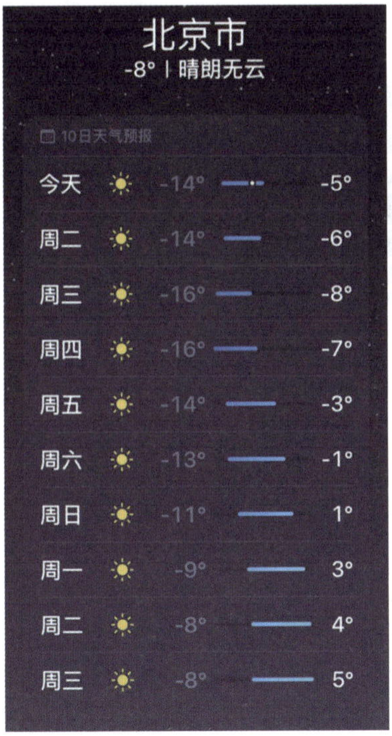


图 6-3　按时间顺序天气预报

### 4. 分类

根据信息的相关性或相似性进行分类是最有效的。人们习惯将相似的内容归为一类，这有助于提高信息获取的效率。在 App 界面设计中，由于涉及信息量大，通常需要进行二级、三级、四级或五级分类，但子类别数量不宜过多，以避免增加查找的难度。如图 6-4 中 MANA 移动 App 界面是根据内容设计层级结构的，通过层级结构导航，让用户可以快速找到所需信息。

图 6-4 MANA 移动 App 界面层级设计

### 5. 层级

当信息通过同一标准评价时，可以根据层级形式组织，如年龄从小到大、体重从轻到重、服务或产品从一星到五星打分、衣服尺码等。如图 6-5 所示的童装尺码参考图就是通过层级形式组织信息。

| | | | | | | |
|---|---|---|---|---|---|---|
| 110/56 | / | 68 | 52 | 41 | 95-110 | 16-22 |
| 120 | / | 73 | 57 | 45 | 110-120 | 20-26 |
| 130 | / | 78 | 62 | 49 | 120-130 | 24-31 |
| 140 | / | 83 | 67 | 53 | 130-140 | 29-36 |
| 150 | / | 88 | 72 | 57 | 140-150 | 34-41 |
| 160 | / | 93 | 77 | 61 | 150-160 | 39-46 |

Tips：此数据在衣服平铺下手工测量，可能有1- 3CM的误差，详情可在线咨询客服

参数单位:cm　身高单位: cm　体重单位: kg

肩宽：两肩肩线之间直线长度
腰围：腰部左端点到右端点的直线距离x2
臀围：拉链底部为中心到两侧的直线距离x2
脚围：裆底部为中心到一侧的直线距离x2
标准袖长：肩线至袖子底部垂直长度
连肩袖长：由肩侧颈点量至袖口边中间
*注.连肩和插肩无肩宽数据

图 6-5　童装尺码参考图

## 6.1.2 图表类型

为了简化复杂数据并增加易理解性，我们通常使用图表来表达数据。常见的图表类型有饼状图、柱状图、折线图、雷达图和散点图。不同图表适合展示不同类型的信息。理解图表的特点，并根据具体情况灵活运用和选择适合的图表类型至关重要。

知识微课堂：图表类型

### 1. 饼状图

饼状图通常用于展示各部分占整体的比例关系，以及各部分之间的相对大小。常见的使用场景包括人口统计、市场份额、问题分布、资源分配、收入构成等。饼状图可以直观地帮助读者理解各部分之间的相对大小关系。图 6-6 是用饼状图表示多层复合地板与强化地板使用的占比情况。

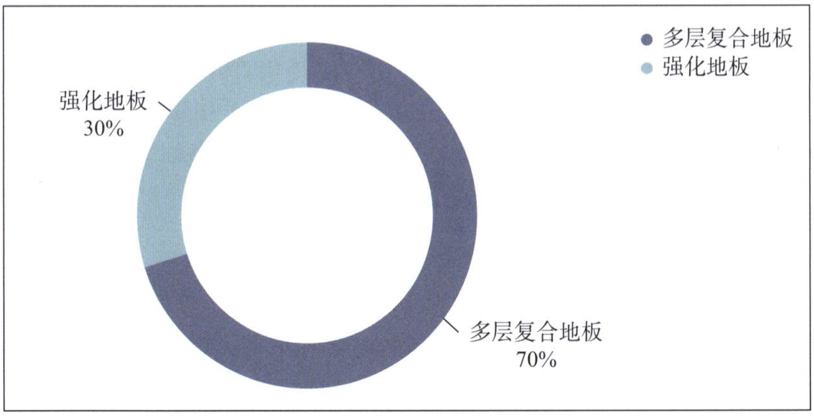


图 6-6　多层复合地板与强化地板使用占比

在创建饼状图时，需要注意避免使用过多的区域，最好控制在 5 ~ 7 个，以确保清晰度和可读性。此外，按照占比大小顺时针分布可以帮助用户更直观地理解各部分的比例关系，提高图表的易读性和信息传达效果。图 6-7 用了 4 种颜色代表 4 种产品，产品按照顺时针从大到小的占比排列。

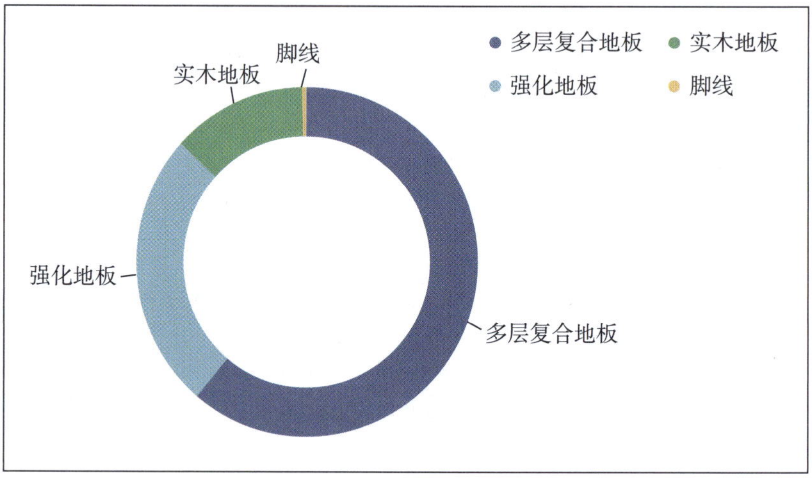


**图 6-7　不同类型产品占比**

### 2. 柱状图

柱状图通常用于比较各个项目之间的数量、大小或者其他度量指标，如某产品连续十年销售量、近十年人口统计数据等，通过柱状图观察分布情况，可以了解数据的变化趋势。使用柱状图时，需要选择合适的柱状图类型，如垂直柱状图或水平柱状图；统计数据范围设置合理，确保各个项目之间具有明显的差异；注意图表的清晰度和易读性，避免过多的数据导致混乱。

另外，在利用柱状图表达时，可以按照柱长从高到低（或从低到高）排列，这种排列方式能够使数据的比较更为直观，减少读者的阅读负担，信息传达效率更高。图 6-8 中不同材料销售收入情况就是按照从多到少的顺序排列，多层复合地板的销售收入最高，脚线的销售收入最低。

### 3. 折线图

折线图适合表现随着时间而变化的趋势。折线图是用直线段将各数据点连接起来而组成的图形，以折线方式显示数据的变化趋势，适用于显示在相等时间间隔下数据的趋势。在折线图中，类别数据沿水平轴均匀分布，所有值数据沿垂直轴均匀分布，如图 6-9 所示的不同省份产品销售收入情况。

### 4. 雷达图

雷达图适用于比较多个项目或类别在多个维度上的表现，数据集内的所有变量会连接在一起形成一个多边形，以展示不同变量之间的关系和平衡。雷达图常见于体育比赛数据、产品特征对比等领域。

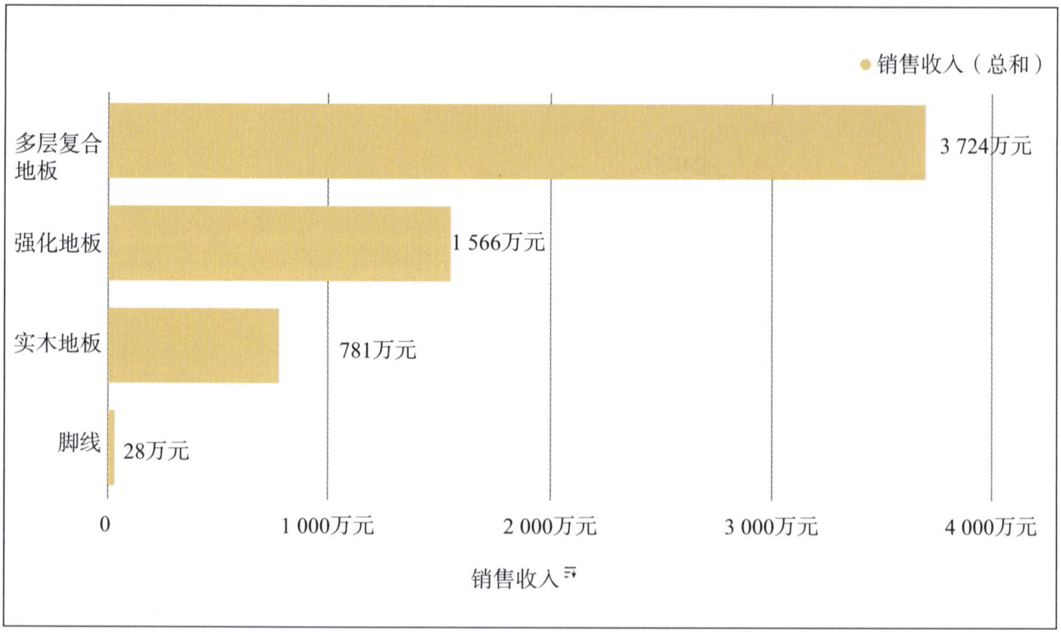


图 6-8　不同材料销售收入情况

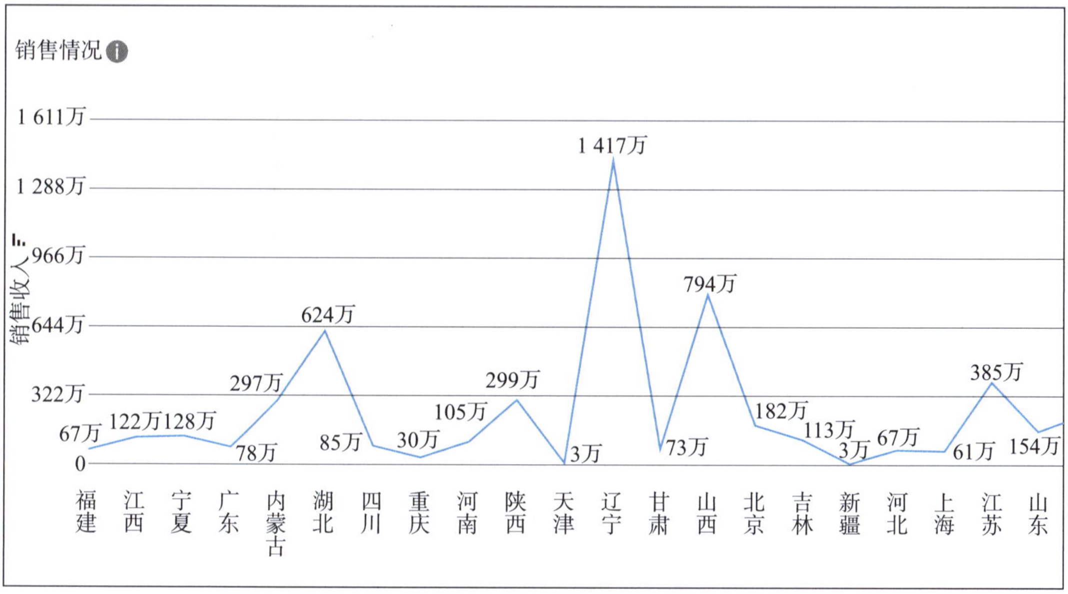


图 6-9　不同省份产品销售收入情况

需要注意的是：根据美国心理学家乔治·米勒在 1956 年的研究，人类工作记忆的容量大约为 7 个信息单元，上下浮动 2 个，即 5 到 9 个单元，过多的变量会降低图形可读性；确保所有的轴线具有相同的刻度和量表，以便正确比较不同变量之间的数值；确保每个轴线和数据点都有清晰的标签，以便读者理解图表展示的内容。图 6-10 是利用雷达图展示不同省份销售情况。

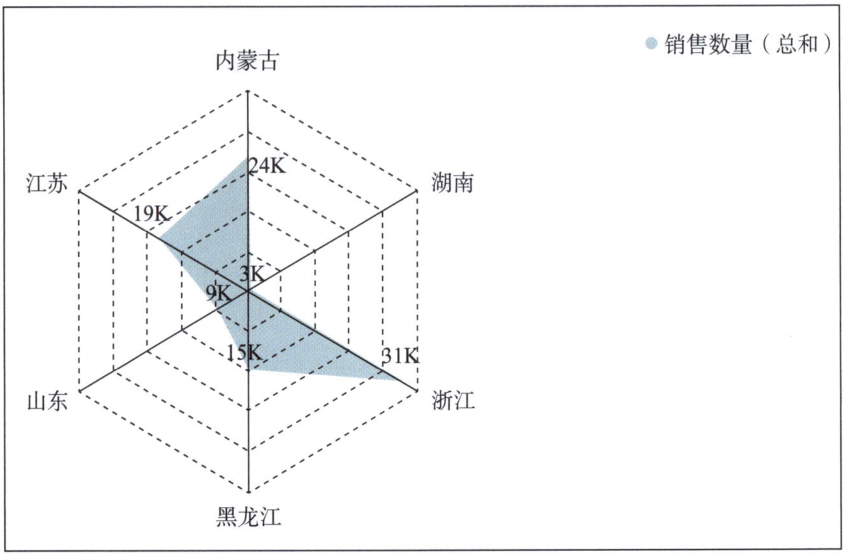


图 6-10　不同省份销售情况

六维雷达图在分析乒乓球选手实力方面是一种有趣的方法。其通过力量、速度、技术、发球、防守和经验这六个方面的分析，可以更全面地评估选手的综合实力，如图 6-11 所示。

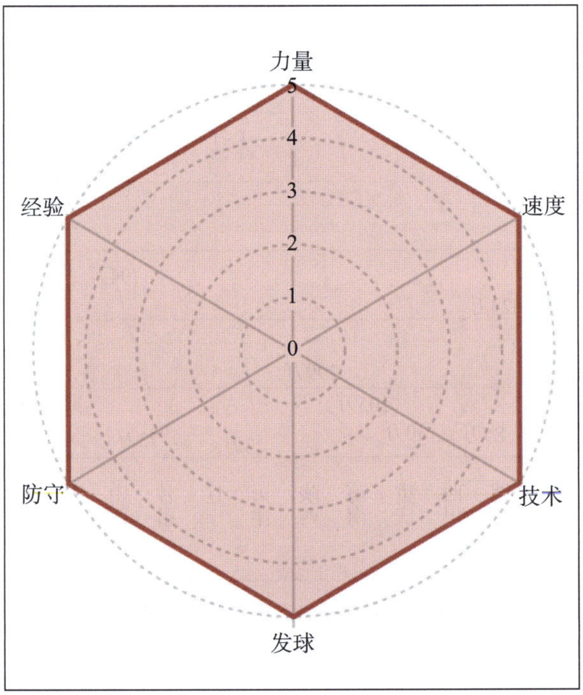


图 6-11　六维雷达图

### 5. 散点图

散点图通常用于展示两个变量之间的关系，以便观察它们之间的趋势、相关性和离群值。图 6-12 是利用散点图表示销售成本与销售毛利的关系。

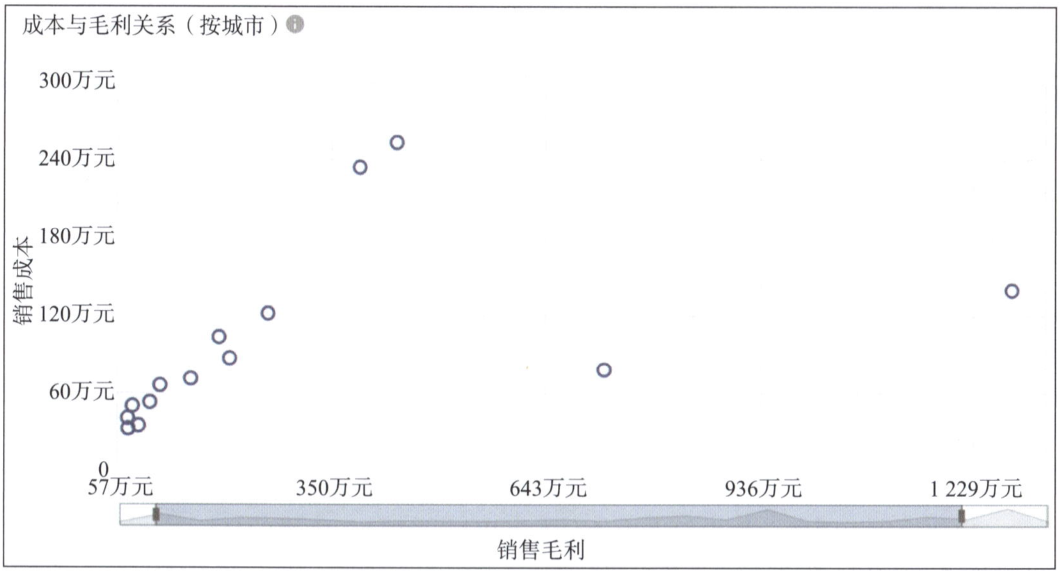


图 6-12　销售成本与销售毛利的关系

## 6.1.3 图表美化

将图表插图化可以使图表更加生动，插图的形象、色彩、质感等特点会让人们记忆更加深刻。经过插图化的图表会更加写意，但也需要注意每种成分的比例，避免让人们产生困惑。图 6-13 是用咖啡图形与饼状图相结合的方式表达人们喝咖啡在不同时间段的占比情况。

图 6-13　咖啡时光

## 6.1.4 信息组织训练

基于班级学生信息进行统计图可视化设计，尽可能多地用到学生属性，并根据统计结果得出结论。收集学生的姓名、学号、性别、身高、鞋码、籍贯、出生地、生日、是否近视、期望从事的职业等信息，注意不要收集涉及其隐私的信息，同时注意信息保密。

▶ 知识微课堂：统计图项目实践

实践要求：题目自拟，利用腾讯文档收集班级同学的数据，通过统计图展示班级情况，请正确使用统计图表。作品格式为 JPG，颜色模式为 RGB，分辨率为 300dpi，规格为 A3。

▶ 更多优秀作品欣赏：班级学生信息可视化

在图 6-14 所展示的班级学生信息可视化作品中，设计者整合了多项学生数据，包括籍贯、出生地分布、男女比例、身高概况以及出生年份，以此为基础设计并制作统计图。统计图表采用了多元化的呈现方式，比如使用地图展示学生的出生地分布，用柱状图展示学生的身高分布情况，用饼状图展示出生年份等。

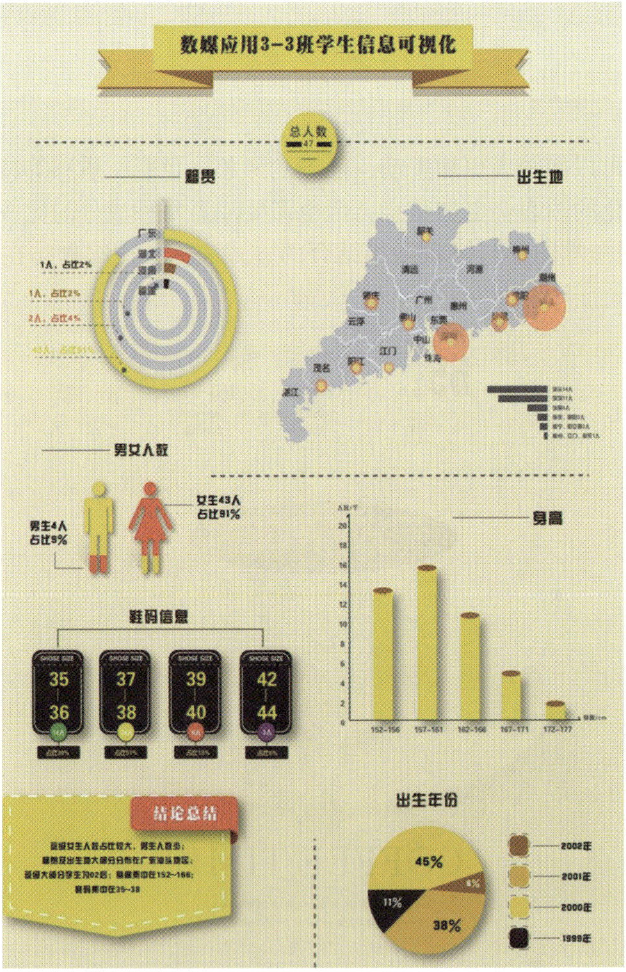


图 6-14　班级学生信息可视化（设计：林丽婷）

在色彩搭配上，以黄色作为主色调，红色、粉色、黑色等作为配色，为整个信息图增添了活力和温暖的感觉，还确保了视觉上的统一与和谐，使得整个信息展示既丰富又易于理解。

## 任务 6.2 项目实践

**实践项目：以国家统计局货物进出口为数据源，开展统计图信息可视化实践训练**

请每组学生观察国家统计局货物进出口数据，选择感兴趣的主题开展统计图信息可视化。学生通过图表讲述有趣的数据故事，理解数据背后的故事，并提升自身的数据分析和可视化能力。

实践要求：题目自拟，统计图要求色彩搭配协调，版式设计合理，视觉传达效果佳。小组 2 ~ 3 人合作开展项目实践。作品格式为 JPG，颜色模式为 RGB，分辨率为 300dpi，规格为 A3，单张或多张系列图。

### 1. 选题分析

国家统计局官网提供了大量的进出口货物信息，这些数据包括不同商品的进出口数量、价值、贸易伙伴等。这些数据对于分析国家的贸易活动、经济发展和国际关系具有重要意义。

通过对进出口货物信息进行可视化分析，深入了解国家的贸易情况，包括主要进出口商品、贸易伙伴、贸易趋势等。这有助于政府制定贸易政策、企业进行市场分析以及研究人员进行学术研究。此外，通过可视化呈现数据，还可以使复杂的信息更加直观和易于理解，让更多人了解国家的贸易状况。通过国家统计网站获取进出口货物信息并完成统计图可视化项目，有助于深入了解国家的贸易活动，为决策者、企业和研究人员提供有益的信息支持。

### 2. 数据收集与组织

所有数据要基于国家统计局官网数据，保证数据的真实性。对记录的数据进行归纳整理，通过思维导图形式展示，并梳理数据以及数据之间的层级关系。本案例中涉及汽车整车进出口数据、零件进出口数据以及零件出口相关国家的占比信息。

### 3. 版式设计

使用恰当的图表类型，包括折线图、柱状图、饼状图等，以及图表的排版和尺寸。版式设计还应考虑信息的层次结构和视觉导向，让读者易于理解数据。

### 4. 视觉设计

在图表和整体设计中注意颜色搭配的协调性、字体的清晰易读以及图形的风格统一性，以确保图表的可读性和吸引力。由于研究主题是汽车行业，因此利用生动形象的汽车图形、汽车零部件表示出口数据，如图 6-15 所示。

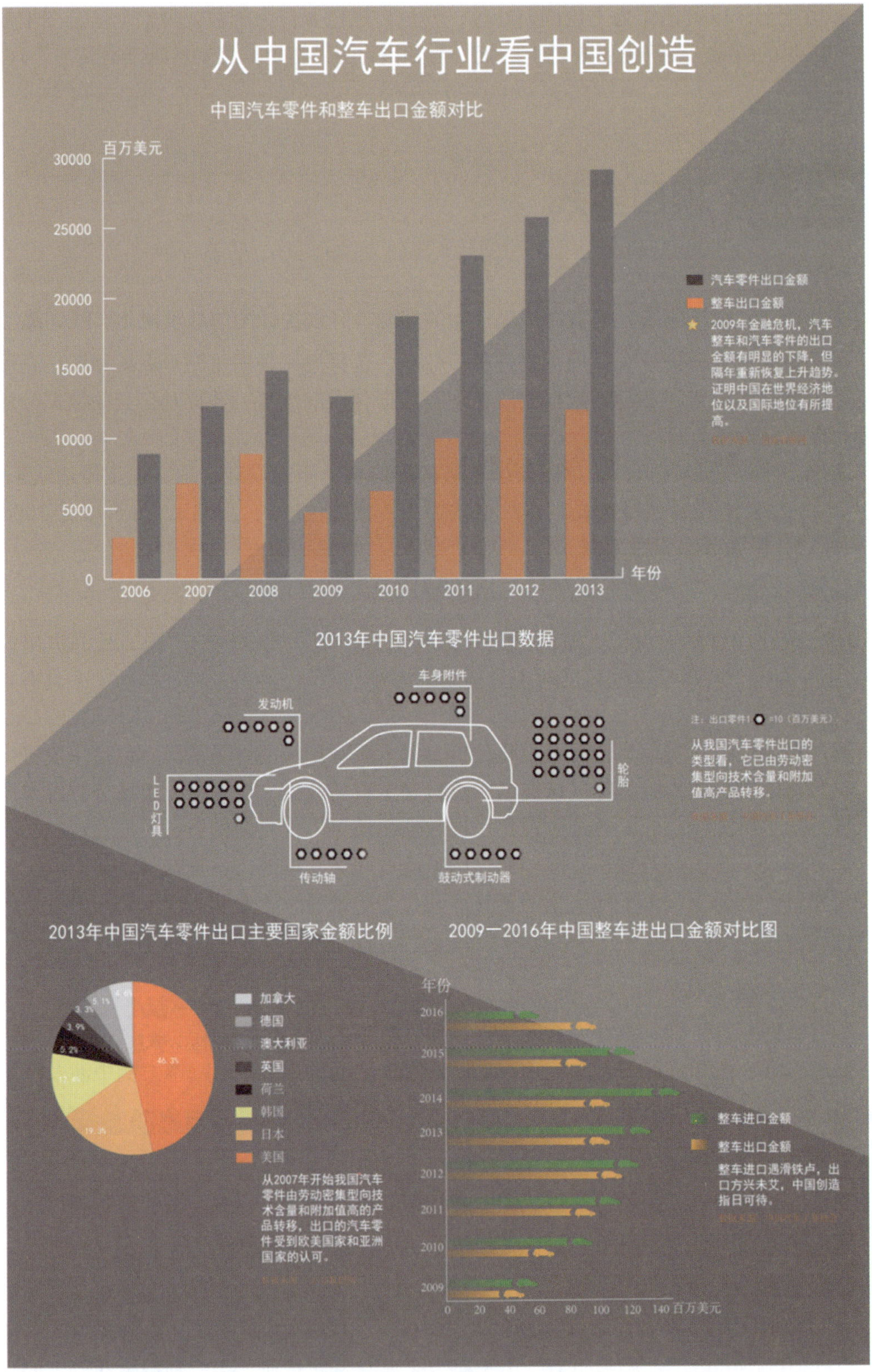


**图 6-15　从中国汽车行业看中国创造（设计：李志锋、戴晓燕、刘晓佳、李俊诚、刘欢）**

## 任务 6.3 优秀作品欣赏

▶更多优秀作品欣赏：统计信息可视化

图 6-16 和图 6-17 是关于“家庭暴力”选题的统计图实践作品。

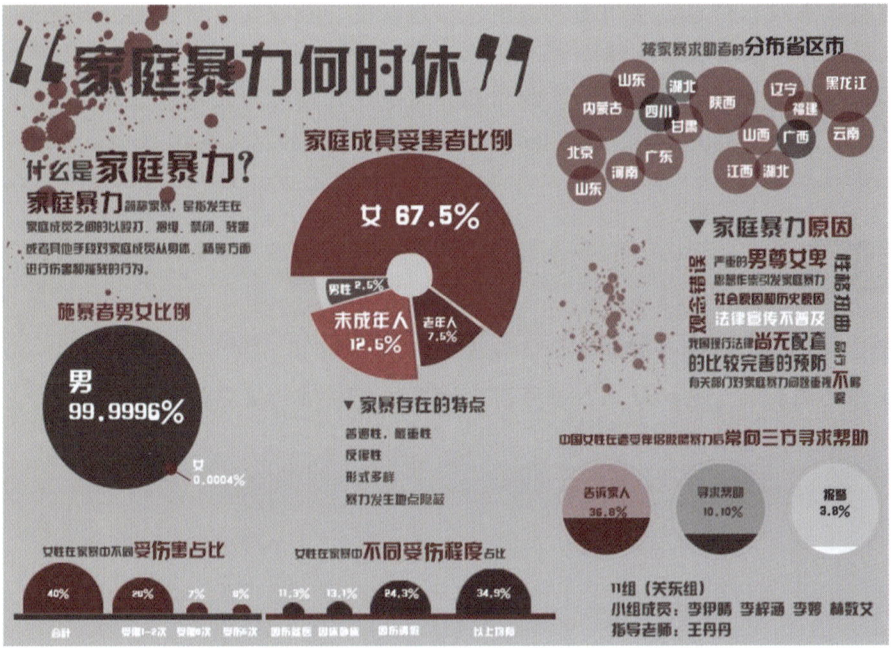


图 6-16 家庭暴力信息图（设计：李伊晴、李梓涵、李婷、林数艾）

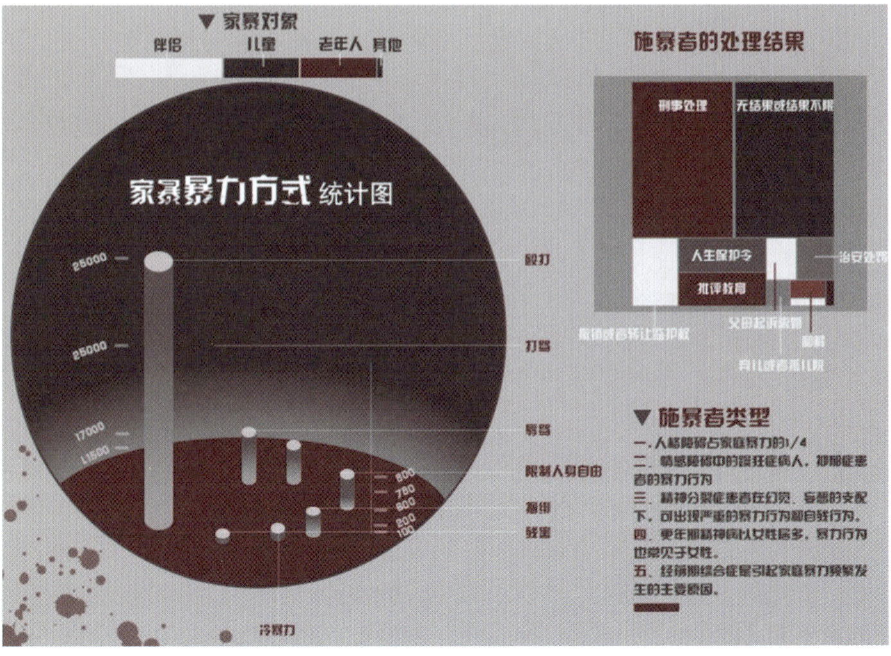


图 6-17 家庭暴力信息图（设计：李伊晴、李梓涵、李婷、林数艾）

## 项目小结

本项目介绍了统计图信息可视化的相关内容，包括信息组织方法，图表类型、图表美化以及相关项目实践。信息组织方法采用五架帽概念，通过位置、字母表、时间、分类、层次来组织信息。常用图表类型包括饼状图、柱状图、折线图、雷达图、散点图，在设计时可根据需求选择恰当的图表。以“国家进出口数据”为题开展项目实践，通过国家统计局官网获取进出口货物信息并完成统计图可视化项目，有助于深入了解国家的贸易活动，为决策者、企业和研究人员提供有益的信息支持。

## 课后思考

（1）信息组织方法包括哪些？

（2）信息图表类型包括什么？每种图表使用注意事项包括哪些？

（3）数据可视化绘制软件有哪些？

# 项目 7 导览图信息可视化

## 任务 7.1 象形图设计与制作

知识微课堂：
象形图

### 7.1.1 象形文字

费斯托斯圆盘（又译费斯托斯圆盘）是公元前 17 世纪的泥土圆盘。它是一个直径 6.5 英寸的赤陶圆盘，两面共刻有 241 个象形文字，由外向内呈螺旋形排布，文字间有明显的间隙，如图 7-1 所示。盘上的符号有人物、动物、身体器官、工具以及船等图案。最常见的符号是佩戴头饰的人头，与在拉美西姆的埃及绘画上的非利士人相像。该圆盘据说源自小亚细亚西南部临地中海古国吕西亚，盘面显现的戴有羽毛头饰的头像与腓力斯丁人的装束十分相似。

费斯托斯圆盘一直是考古学谜团，关于圆盘早期图形符号的含义和用途有许多不同的理论。

图 7-1　费斯托斯圆盘

古埃及象形文字是古埃及人使用的一种文字体系，由图形文字、音节文字和字母构成，如图 7-2 所示。它是最早的文字形式之一，书写正规、图画性强，使用时间是公元前 3000 年到公元 4 世纪。

图 7-2 古埃及象形文字

图 7-3 所示图形符号代表什么？由于人们不会“说”这种标识语言，只能尝试将熟悉的含义与符号联系起来，去猜测图形代表的含义。

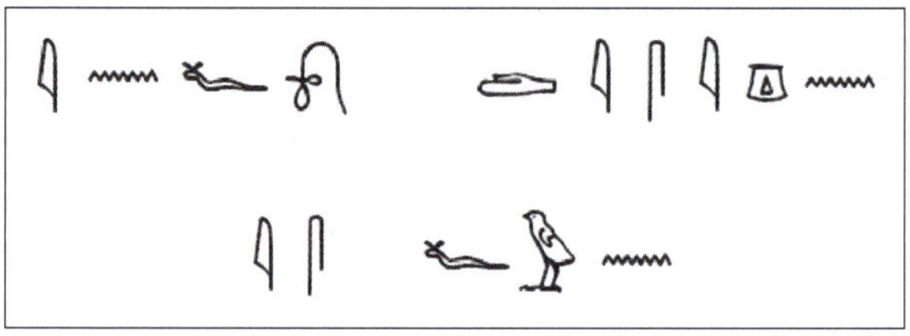

图 7-3 图形符号

但是，如果给出图 7-4 图形符号字典，人们通过查找图形符号字典就很容易理解图 7-3 表达的内容，实际上每个图形符号都代表西方字母表中的一个字母。

图 7-4 图形符号字典

## 7.1.2 表意象形图

符号是通过某些联系、相似性或约定来表示事物、图形、文字、声音等的。象形图是指通过图形表示概念、对象、活动、地点或事件的符号。

表意象形图是指一个想法或概念的图形符号。设计与实物相似的表意符号来表达意图，读者因为熟悉表意符号，所以更容易理解。图 7-5 和图 7-6 所示，都是表意象形图。

图 7-5　禁止吸烟

图 7-6　禁止攀爬

象形图优缺点如下：

优点：象形图使得信息传达更突出；提高信息的易读性；提高视觉或识字困难者的理解力；比文字更准确、更迅速地被诠释。

缺点：不常接触的事物的象形图，不容易被理解；即使容易理解的象形图，也不会被所有的读者理解。

因此，在设计象形图时，要考虑象形图与实物之间的相似性，找到它们之间的平衡点，使读者既容易理解象形图，又不会产生歧义。

## 7.1.3 象形图属性

1972 年，亨利·德雷福斯收集并审查了两万个图形符号，总结出象形图的四个属性，即代表性、抽象性、任意性和多意性。

### 1. 代表性

象形图具有代表性。象形图是物体的简化图示，通常设计时要考虑事物最具代表性的属性，易于读者理解。如图 7-7 表示佩戴安全护目镜，其中护目镜要在象形图中明确展示出来。通过图和文字相结合的形式传达信息更加准确。

图 7-7　佩戴安全护目镜的象形图

当图形有更多具体和细节描述时，可以传递更丰富的信息。图 7-8 相比图 7-7 细节更多，有烟雾、刺鼻以及代表声音的单词 FOOM。这些细节设计具有代表性，表达小心使用危险化学品之意。

图 7-8　小心使用危险化学品示意图

## 2. 抽象性

抽象性是用简化图形表示信息。抽象图形符号要与所表达的信息具有相似性，图形太过抽象，读者不易理解。如图 7-9 是禁止钓鱼的图形，这张图并不能准确传递是禁止钓鱼还是禁止捕鱼。

图 7-9　禁止钓鱼

图 7-10 是优化后的禁止钓鱼的象形图，可以看到钓、鱼、禁止都有图形表达。因此在进行图形可视化的时候，图形的抽象程度需要综合考虑。

图 7-10　禁止钓鱼

## 3. 任意性

象形图具有任意性。很多象形图是设计出来的图形符号，人们通过学习或者经验了解象形图表达的含义。如图 7-11 所示是是一个问号的图形，根据生活经验，人们已经将问号与“询问信息”建立联系。因此，该图形表示问询处，而并不是一个单纯的问号图形表达。

图 7-11　问询处

### 4. 多意性

图形在不同场景具有多意性。图 7-12 是一种常见的箭头符号，它有多种含义。历史上，箭象征着战争、权力以及传说中的神。今天，箭头通常表示朝特定方向移动，但也可以表示定向能量、流动、穿透。

图 7-12　箭头图形

在解释性图形中，箭头经常用于传达不同指示、步骤和交互，如图 7-13 所示。

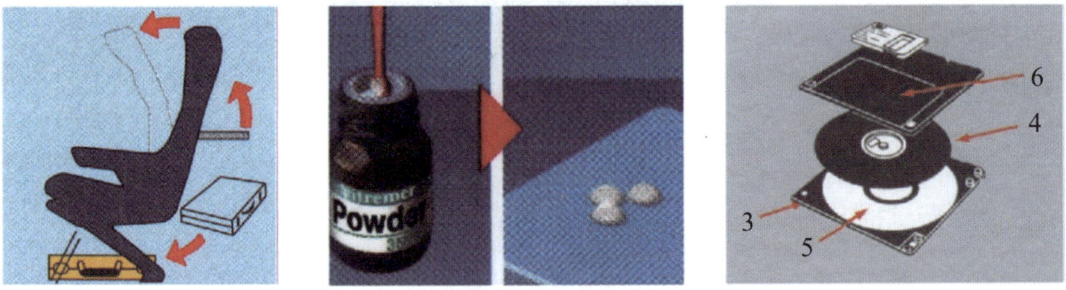


图 7-13　箭头的用途

图 7-14 是代表易碎品还是脆弱？这个问题没有明确的答案。人们熟悉破碎的玻璃，碎玻璃会传递出“易碎”的信息。但在现实中，也可能会用物体的破碎来表达“脆弱性”的概念。

图 7-14　易碎品或脆弱

象形图可以表示单一的对象，也可以表示一类对象，如图 7-15 表示出租车和公用电话。

图 7-15　出租车和公用电话象形图

## 7.1.4 象形图设计技巧

（1）象形图设计具有简化性。使用简化图形的形式和细节，这是象形图通常传达的概念。

（2）象形图设计具有一致性。如果设计多个象形图，图形设计风格、形式和色彩具有一致性，以便将象形图视为同一个类别属性。

（3）象形图设计具有易读性。图形设计和背景色彩对比突出，增强可视性和易读性。

（4）象形图适合省略细节。象形图作为信息图的组成部分，细节不需要明显，可以适当省略。

下面我们通过一些案例来了解象形图设计技巧。图 7-16 是残疾人通道象形图，可以看到在不同时期设计师对轮椅或残疾人通道的视觉表达不同。色彩选择对比强烈的黑白色，图形更加突出。随着时代不断发展，轮椅的细节越来越少，图形也越来越简洁。

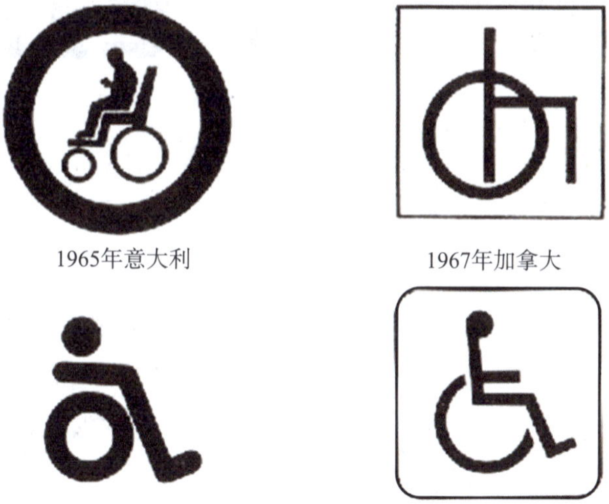


图 7-16　残疾人通道象形图

图 7-17 是美国交通运输部（DOT）与美国专业设计协会（AIGA）共同开发的象形图系统，用于机场、其他交通枢纽和大型国际活动。这是象形图系统的案例，单个符号传达特定的信息，视觉上具有一致性。

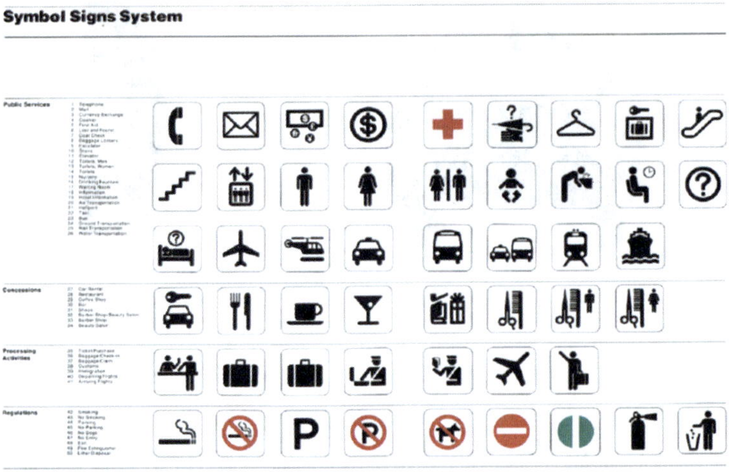


图 7-17　象形图系统

为了保持视觉系统中的一致性，我们建立了图形规则。例如：图 7-18 设计图形中半径、线宽、角度的规范等。当需要新的象形图时，遵守已设定的图形规范，完成象形图设计即可。

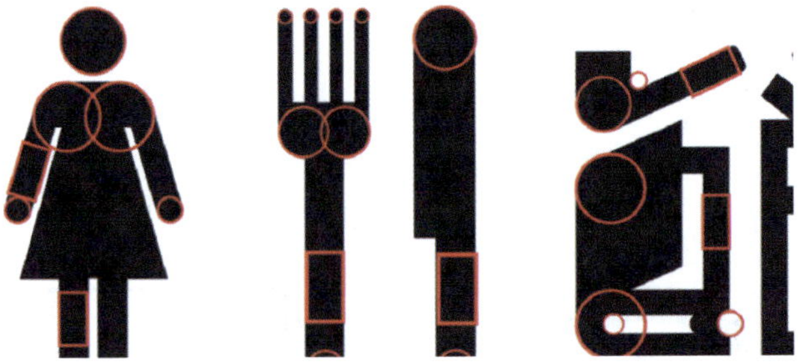

图 7-18　象形图规范案例

## 7.1.5　象形图实践

**实践项目：以“奥运会项目”为主题开展象形图设计训练**

奥林匹克运动会是国际奥林匹克委员会主办的世界上规模最大的综合性运动会，每四年一届，会期不超过 16 日，是世界上影响力最大的体育盛会。奥运会中，各个国家和地区以运动交流各国文化、切磋体育技能，其目的是鼓励人们不断进行体育运动。奥运会上的各种比赛项目，都是由国际奥林匹克委员会（IOC，简称国际奥委会）来确定和划分的。国际奥委会会根据一定的标准和原则选择并确定哪些体育运动可以作为奥运会的比赛项目，并对这些项目进行分类管理。根据国际奥委会的资料，奥运会比赛项目分为大项（SPORTS）、分项（DISCIPLINES）和小项（EVENTS）。

知识微课堂：象形图实践

2008 年北京奥运会的比赛项目是 28 个大项，分别为：田径、赛艇、羽毛球、垒球、篮球、足球、拳击、皮划艇、自行车、击剑、体操、举重、手球、曲棍球、柔道、摔跤、水上项目、现代五项、棒球、马术、跆拳道、网球、乒乓球、射击、射箭、铁人三项、帆船帆板、排球。请根据奥运会的信息，选择跳水、乒乓球、蹦床、射击、自行车、羽毛球、体操、击剑、举重、排球、艺术体操、拳击、射箭、曲棍球、足球、篮球、网球、水球、帆船、花样游泳等项目，完成象形图设计，再加入必要的文字、标题和设计，最终完成作品。

实践要求：象形图设计风格统一，色彩搭配协调，版式设计合理；信息图整体设计有层次感，视觉传达效果佳。作品格式为 JPG，颜色模式为 RGB，分辨率为 300dpi，规格为 A3（单张或多张系列图）。图 7-19、图 7-20 以及图 7-21 是优秀作品示例。

图 7-19　奥运会项目象形图（设计：路瑶、江秀雯）

图 7-20　奥运会象形图（设计：梁菲桐、梁馨方）

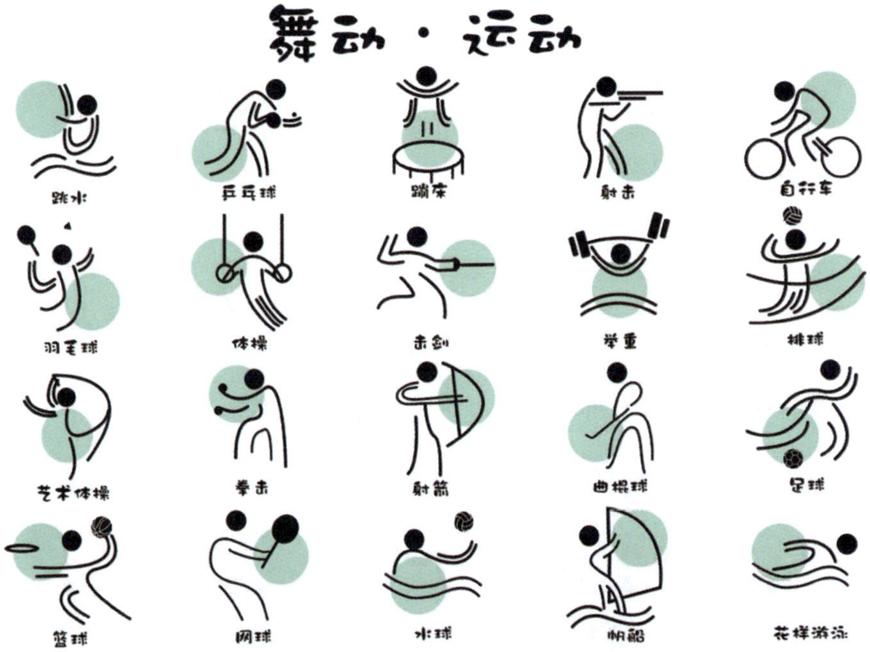


图 7-21　奥运会象形图（设计：白羽、陈佳敏）

更多优秀作品欣赏：
奥运会项目象形图设计

更多优秀作品欣赏：
二十四节气象形图设计

# 任务 7.2 信息关联性

信息与信息之间不是孤立存在的。信息关联图是以图示的方式把一个或多个信息关联在一起的信息结构。图 7-22 是通过集合的方式给出不同咖啡的成分图，人们可以直观地看到不同咖啡之间的差异。图 7-23 通过图示展示部件之间的组装关系。

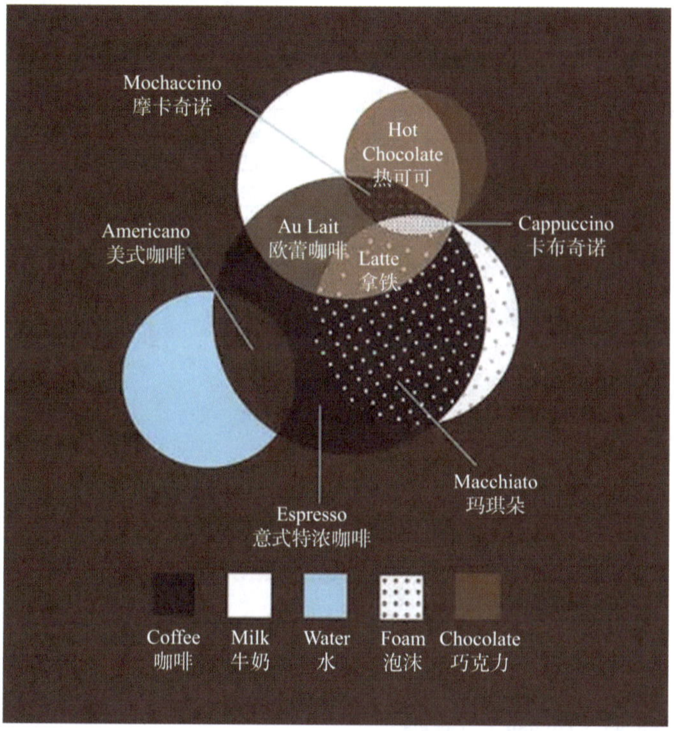


图 7-22 集合关联图

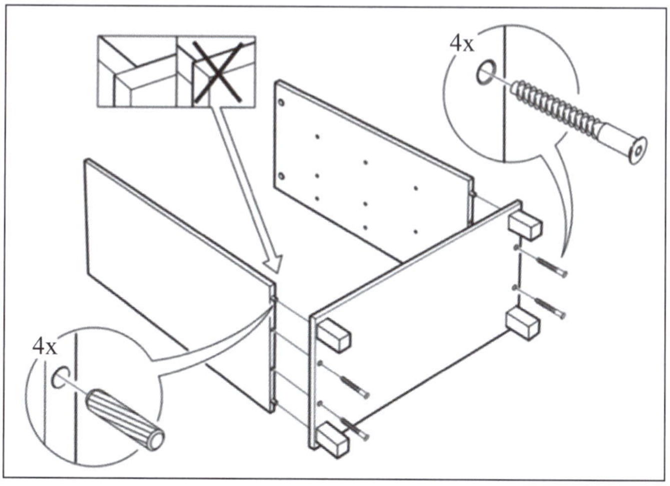


图 7-23 组装关联图

图 7-24 是二叉树关联图，如公司组织架构图利用二叉树关联图显示组织隶属关系和上下级关系。图 7-25 将家庭、管理、企业和外部利益四者之间的关系用箭头连线梳理清晰，形成关系关联图。

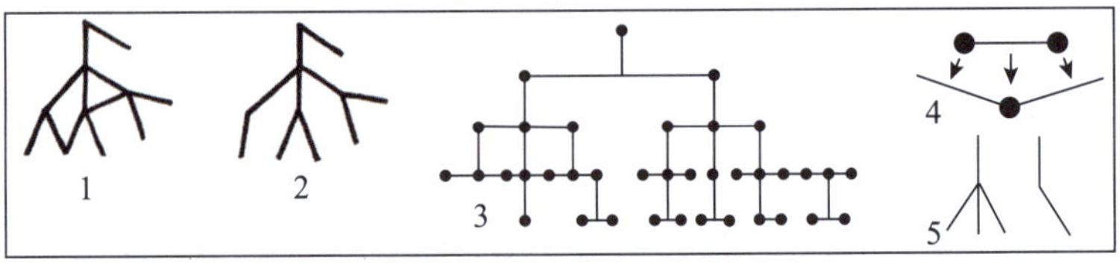


图 7-24　二叉树关联图

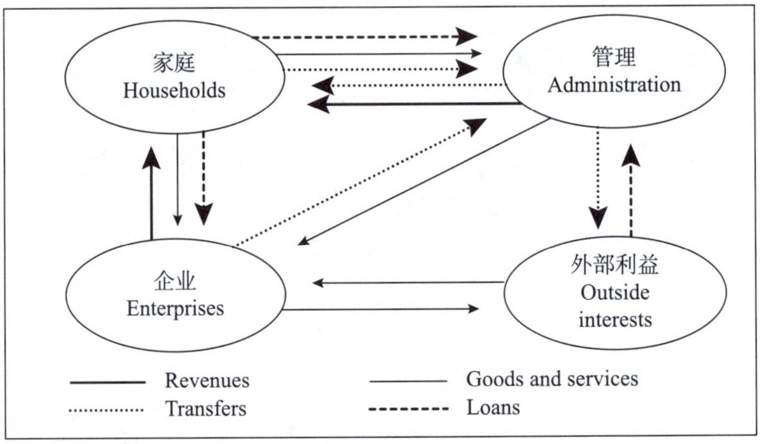


图 7-25　关系关联图

在信息可视化设计中，经常需要利用关联图建立信息之间的关联。图 7-26 中显示不同疾病之间与基因存在的联系。用圆形代表疾病类型，方形代表共有的基因，基于数据

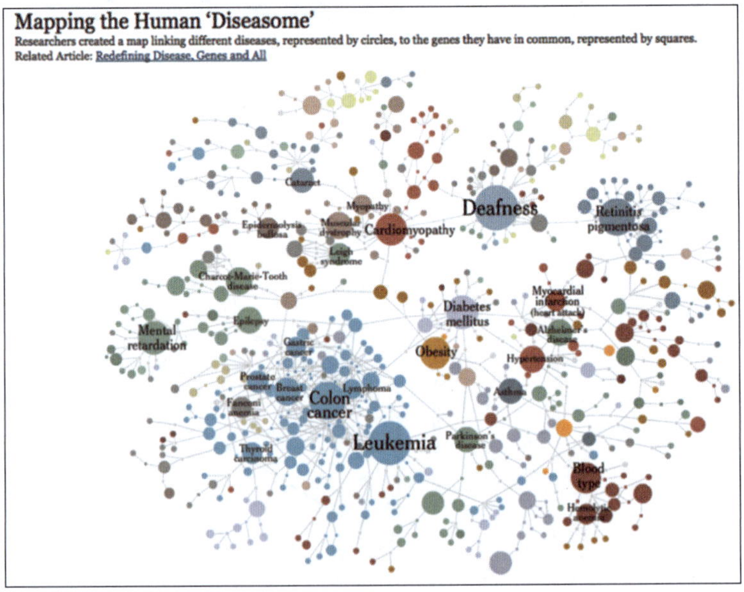


图 7-26　绘制人类疾病基因组

形成巨大的关系网。图 7-27 是自然选择信息图。

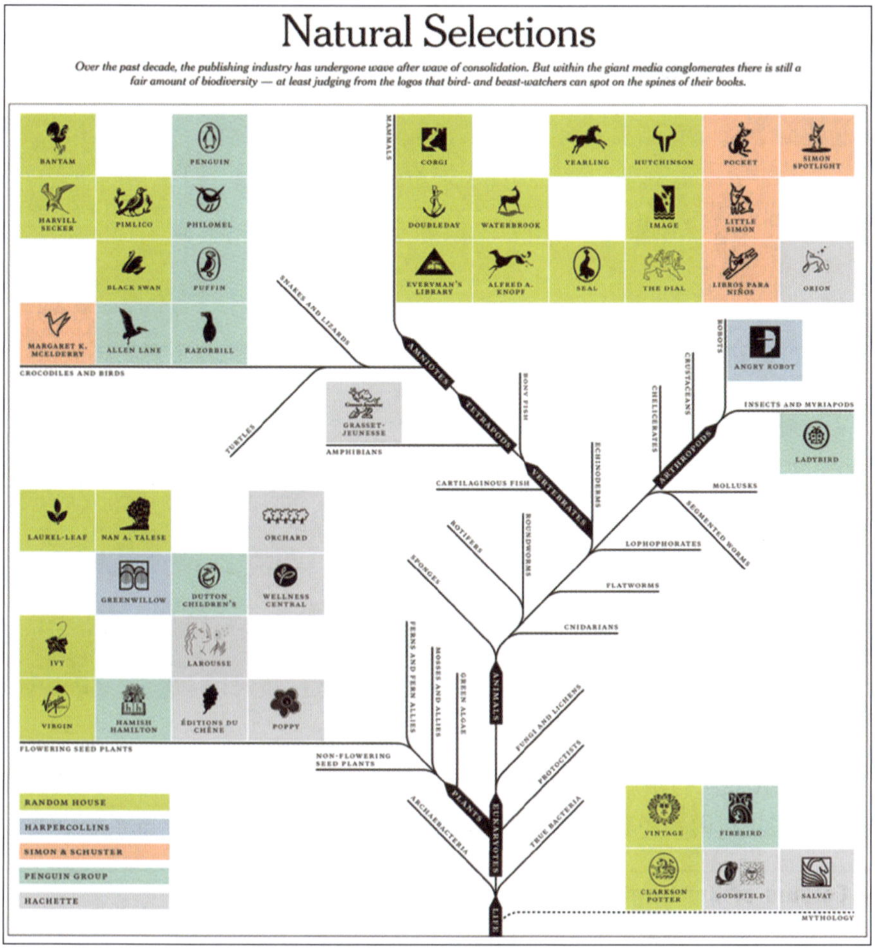


图 7-27　自然选择信息图

由于信息之间的关系错综复杂，在信息图中呈现的时候，注意线条要细，且颜色尽量弱化。这样可以让读者更多地关注到内容，而非线条本身。

## 任务 7.3 导览图可视化表达

信息设计的重要应用之一是创建易于理解的指示图来规划复杂的人工环境。人们通过心理和生理上的方法有效掌握空间，不断搜集和处理信息，帮助大脑建立认知地图或虚拟图像，这个过程被称为空间定位或路径搜索。地图作为一种多功能视觉表达工具，通过综合考虑多种因素，帮助用户有效地规划和执行到达目的地的行程。地图提供了宏观和微观层面的信息，展示了环境中的关键要素及要素之间的关系。

图 7-28 是超市导览图，人们从中可以看到超市的布局和物品的详细信息，继而找到所需物品及其所在位置。

**Make Yourself At Home**

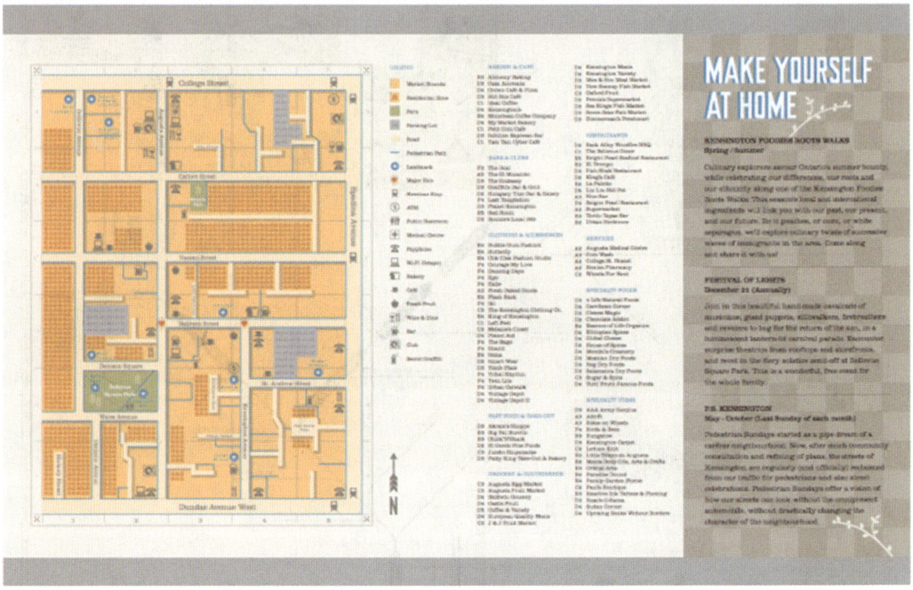


图 7-28 超市导览系统

我们也可以从感官的角度让地图变得更加有趣味，如利用视觉和味觉重新设计超市的导览系统。图 7-29 利用颜色设计导览系统，图 7-30 利用味觉设计导览系统。

**The Colours of Kensington Market**

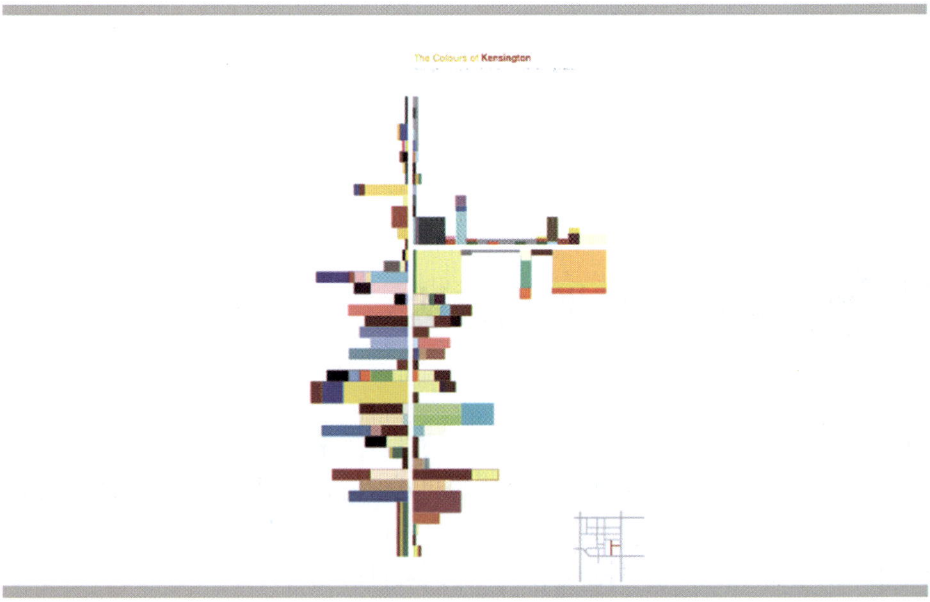


图 7-29 颜色导览系统

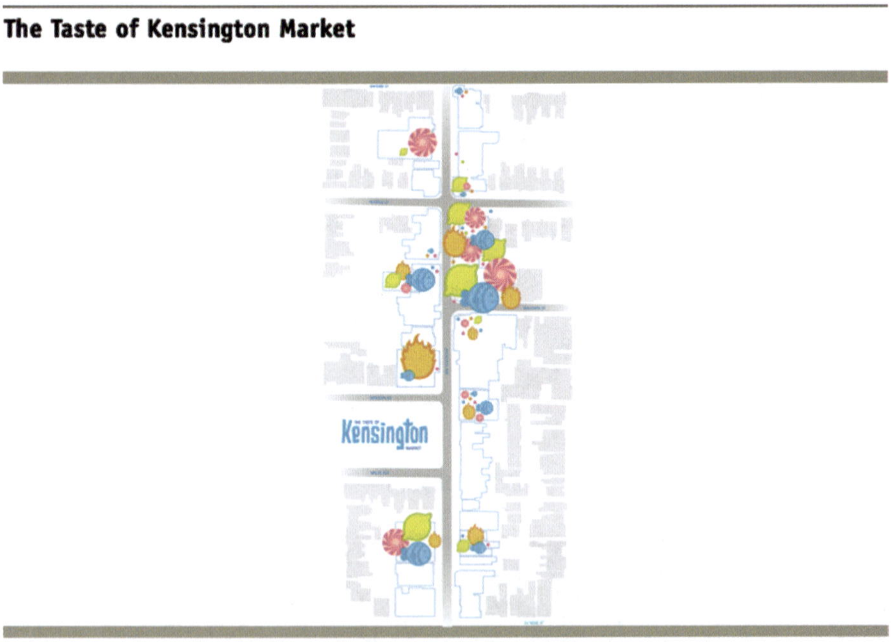


图 7-30　味觉导览系统

通常，地图可以用二维地图、三维地图或者透视地图展示。图 7-31 是加拿大舒立克商学院二维地图，图 7-32 是加拿大舒立克商学院三维地图，图 7-33 则是加拿大舒立克商学院透视地图。

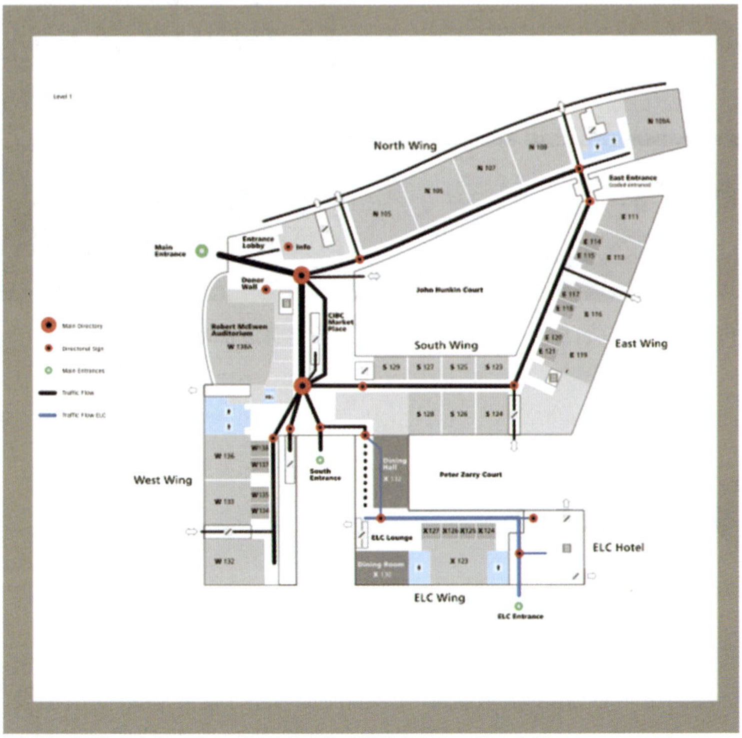


图 7-31　加拿大舒立克商学院二维地图

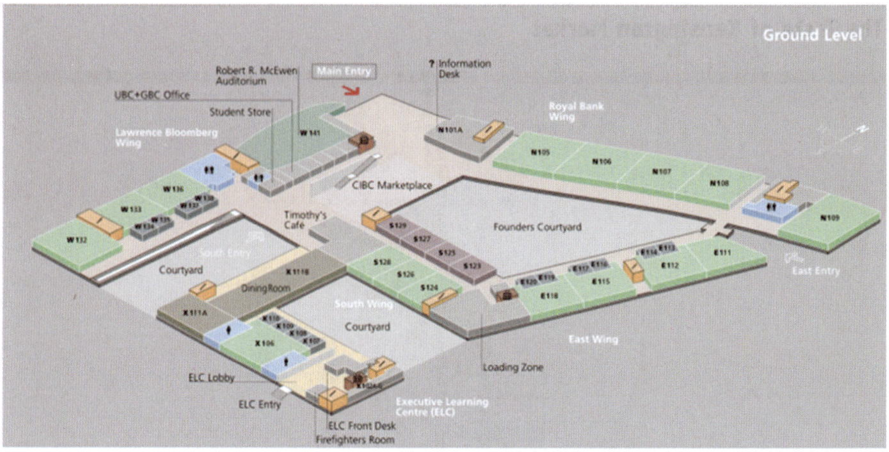


图 7-32　加拿大舒立克商学院三维地图

图 7-33　加拿大舒立克商学院透视地图

# 任务 7.4 项目实践

**实践项目：某院校地图信息可视化设计**

在城市里，人们常常使用导航系统来寻找路径。地图通常和路径指引要素（如指示牌）共同作用，以帮助用户找到目的地、辨认方向或者确认自己的位置。地图中的标志建筑物可以起到重要的指导作用，如建筑物、自然景观、地面参照物，以及其他标志性建筑物，为用户提供方便、舒适的体验。本项目以“某校地图信息可视化”为主题开展设计，旨在研究路径搜索与地图可视化技术。设计者需要根据给定地图设计路径图，利用五感（包含视觉、听觉、味觉、触觉、嗅觉）与地图相结合完成信息可视化设计。

实践要求：题目自拟，充分运用地图、图形或图表完成信息图设计。色彩搭配协调，版式设计合理，视觉传达效果佳。以小组为单位，2 ~ 3 人合作开展项目实践。作品格式为 JPG，颜色模式为 RGB，分辨率为 300dpi，规格为 A3（单张或多张系列图）。

### 1. 选题分析

利用特定感官（比如听觉）收集路径信息，包括所见、所闻以及所感。收集感官信息可以通过照片、手绘、笔记、图表、符号等方式。同时，需要思考如何定义路径、描述位置、对不同类型的景观进行分类，以及如何根据位置、强度或其他因素来安排这些景观，从而定义特定路径。为了设计并输出路径图，可以利用不同的颜色、字体、线条、符号、插图或其他方式来呈现不同层面的信息。所有元素应该共同作用，形成一个复合的、以用户为中心的指引系统，从而帮助用户全面理解某院校。

### 2. 数据收集与整理

使用声音记录软件记录声音的大小，包括校园内自然、生活、交通、工地四大类的声音。每一类别又包含多种声音，比如自然声音包含鸟叫、树动声；生活声音包括上课、音乐、社团、吃饭、打球等的声音；交通声音包括自行车和汽车的声音；工地声音包含施工车、钻地、货车、铲地等的声音。

### 3. 素材设计

收集校园内声音的数据，将收集到的信息梳理后进行可视化表达。声音的分类用象形图表达，同时利用统计图表示声音种类和占比情况，校园导览图设计草图如图 7-34 所示。

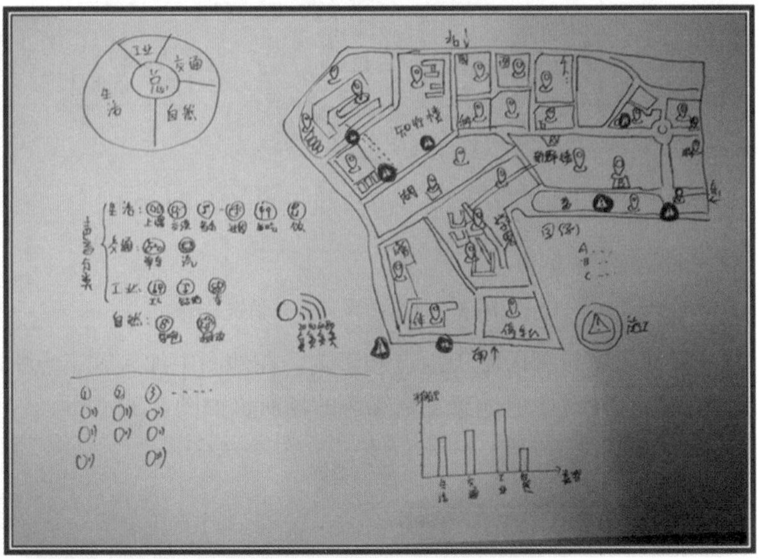

图 7-34　校园导览图设计草图

优化信息图中用到的图表，如图 7-35 所示。

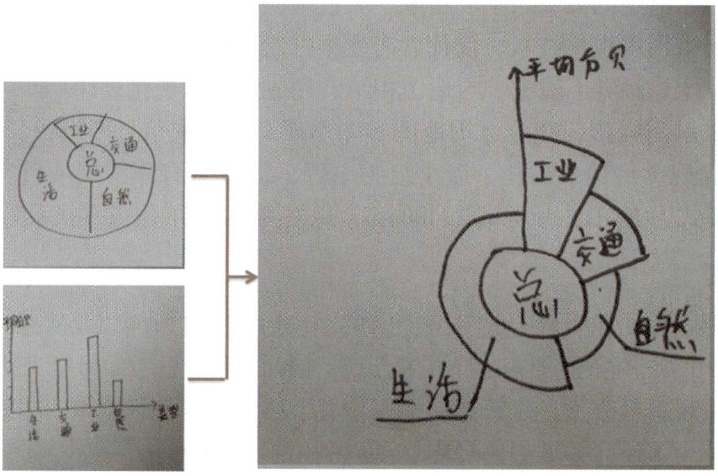


**图 7-35　优化信息图表**

统计同一时段校园内各种声音分布情况，如图 7-36 所示。

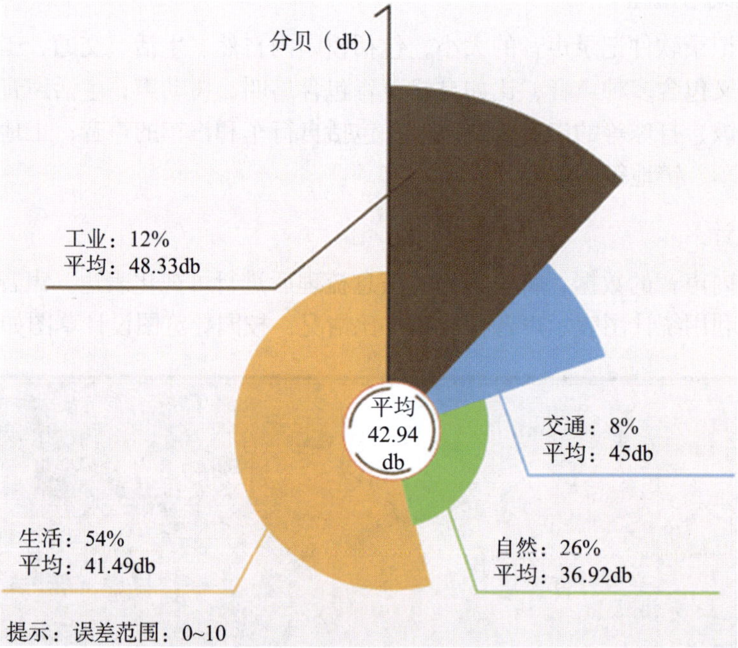


**图 7-36　校园内声音分布情况**

为了让用户清晰地了解校园内施工地点和影响，在地图中加入施工点影响范围，以便在开展教学活动时可以有针对性地远离发出噪声的场所，如图 7-37 所示。

**图 7-37　施工点图标优化**

将草图电子化，如图 7-38 所示。

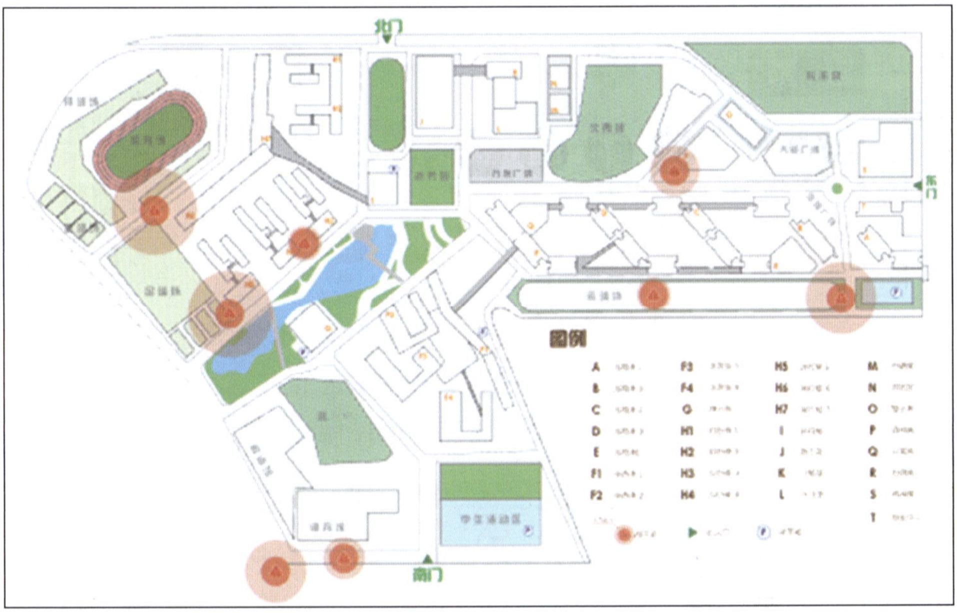


图 7-38　校园导览图

为了便于从地图上直接观察声音分布的情况，背景颜色利用橙色和蓝色进行区分。同时，将背景做成双色渐变表示声音疏密分布，以便从地图中可直接观察声音分布情况，如图 7-39 所示。

图 7-39　校园导览图优化一

### 4. 视觉设计

结合草图，完成象形图设计、排版布局，并依据统计声音分类和分布情况，完成信息图设计。其中声音类型、声音分贝的大小如图 7-40 所示。

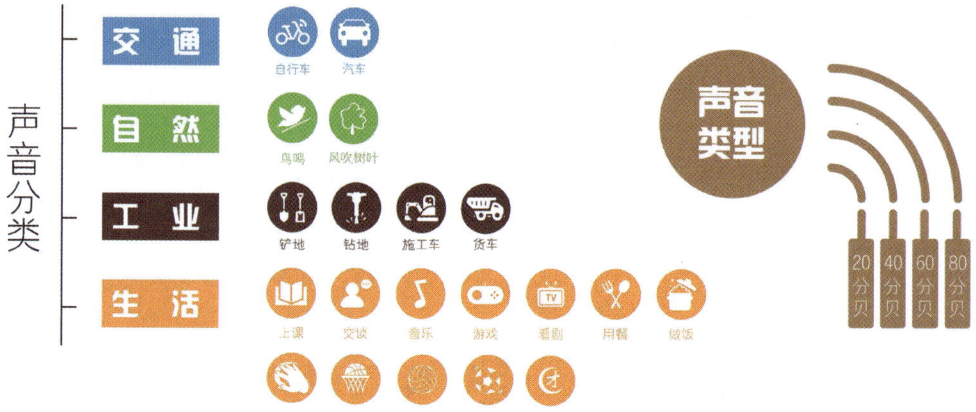


图 7-40　声音类型象形图表达

在地图中，具体位置声音类型和大小分布如图 7-41 所示。

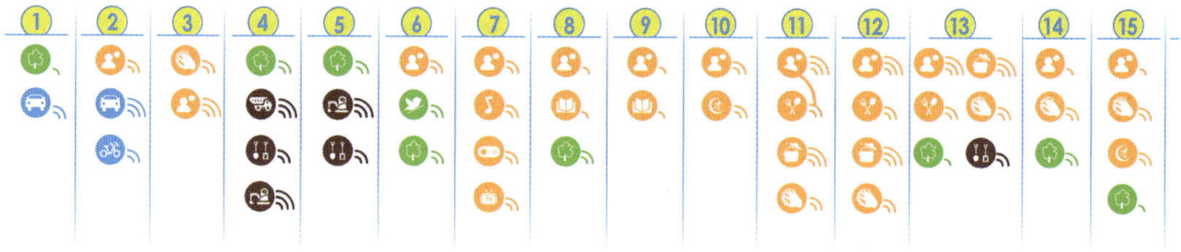


图 7-41　声音类型和大小分布

在地图中标注声音类型，每个施工点的圆形范围内为影响范围，从地图中可了解声音的疏密程度，如图 7-42 所示。

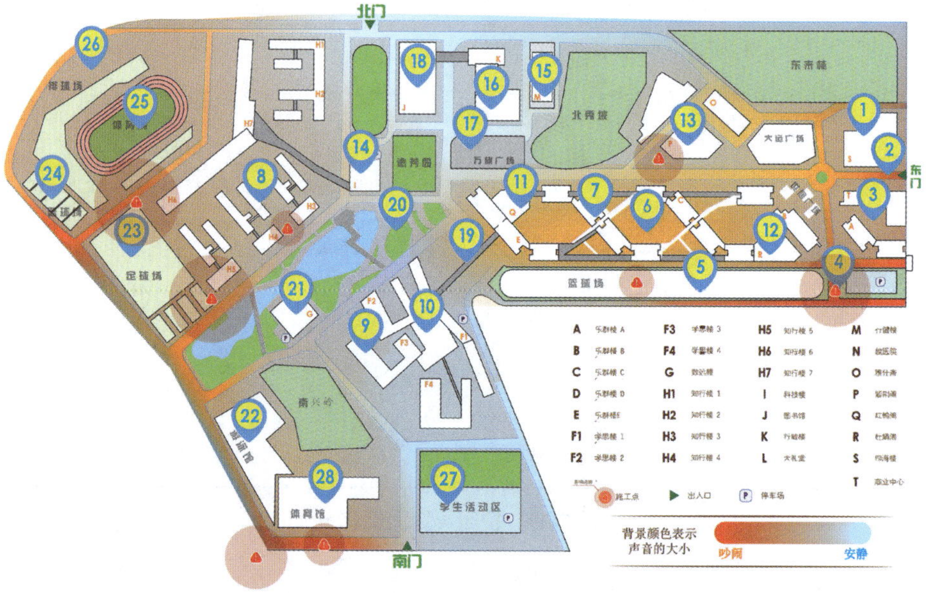


图 7-42　校园导览图优化二

综上优化后，最终某学院听觉信息图如图 7-43 所示。

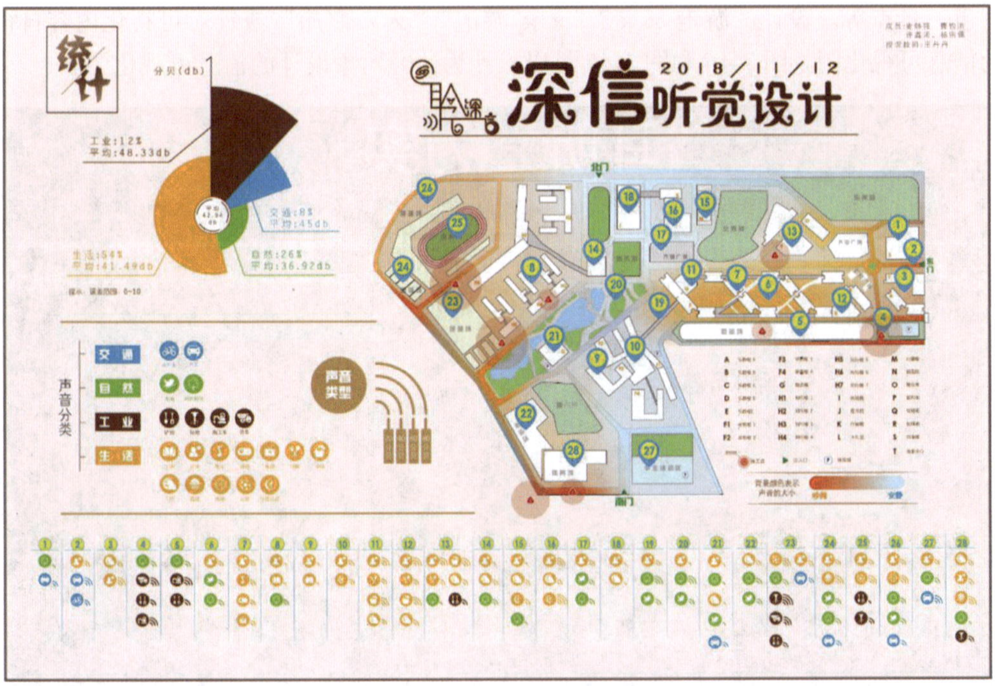


图 7-43　某学院听觉信息图

## 任务 7.5　优秀作品欣赏

### 1. 某院校信息可视化设计

以某院校为研究对象，开展五感信息可视化设计，即根据视觉、听觉、味觉、触觉、嗅觉五个方面的信息完成导览图设计。整个导览图设计简洁明了，能够有效地引导用户感知和体验学校。图 7-44 是以听觉感官设计的信息图。

更多优秀作品欣赏：某院校信息可视化

### 2. 大芬油画村信息可视化设计

以深圳大芬油画村为研究对象，开展五感信息可视化设计，即根据视觉、听觉、味觉、触觉、嗅觉五个方面的信息完成导览图设计。整个导览图设计简洁明了，能够有效地引导用户感知和体验油画村。图 7-45 是以视觉感官设计的信息图。

更多优秀作品欣赏：大芬油画村

### 3. 我的家乡信息可视化设计

选择一个城市，收集城市信息，完成我的家乡信息可视化设计。可以从这座城市的各个方面思考，如城市的历史、人文、文化、民俗、小

更多优秀作品欣赏：我的家乡

吃特色、景点等。设计“游走 × ×”“× × 游记”“× × 之旅”或针对可视化内容自拟题目的信息可视化图。图 7-46 和图 7-47 是以长沙为研究对象设计的信息可视化图。

图 7-44　某院校信息图（设计：李志锋、戴晓燕、刘晓佳、李俊诚、刘欢）

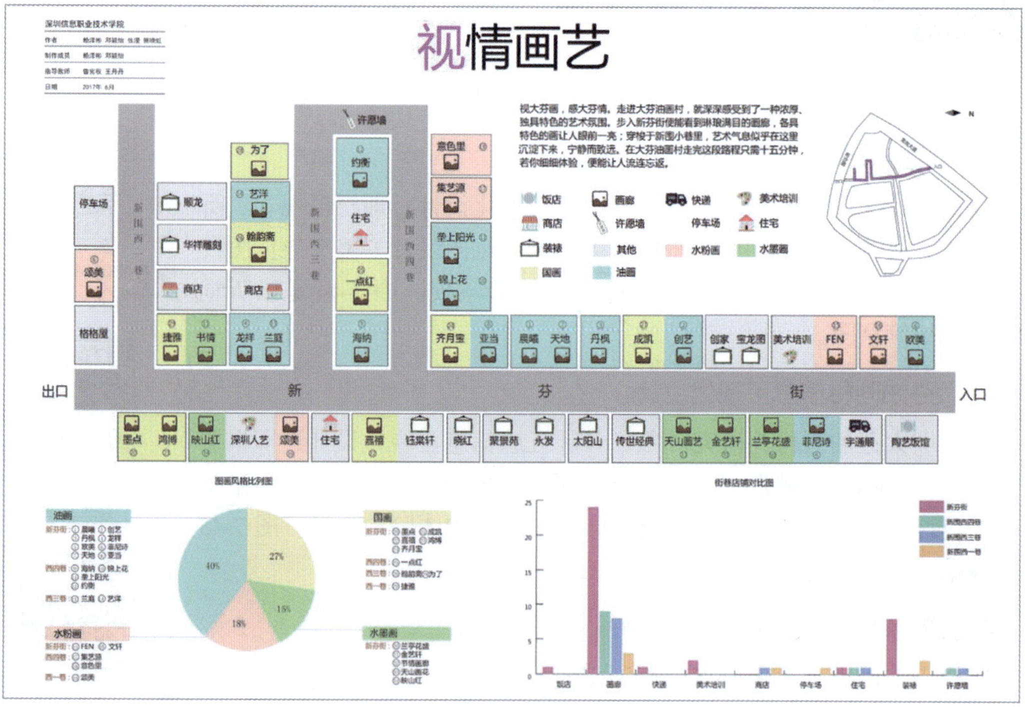


图 7-45　大芬油画村信息图（设计：赖泽彬、邓颖怡、张漫、蔡晓虹）

图 7-46　长沙游记信息图设计一（设计：蔡思冰、陈洁莹）

图 7-47　长沙游记信息图设计二（设计：蔡思冰、陈洁莹）

# 项目小结

本项目讲解了与地图信息可视化相关的象形图设计、信息关联性、地图可视化表达以及相关的项目实践。象形图是指通过图形表示概念、对象、活动、地点或事件的符号。信息关联图是以图示的方式把一个或多个信息关联在一起的信息结构。以“校园地图”为题开展项目实践，利用五感（包含视觉、听觉、味觉、触觉、嗅觉）与地图相结合完成信息可视化设计。通过项目实践学生能够掌握如何展示地理信息和空间数据，提高地理信息处理和展示能力，增强对地图类信息的理解和应用。

## 课后思考

（1）象形图设计的定义是什么？

（2）象形图设计的技巧包括哪些？

（3）信息关联性表现形式有几种？

# 项目 8 动态信息可视化

随着互联网和新媒体技术的持续进步，传统的静态平面视觉传达正在逐渐转向以数字技术支持的动态多维视觉传达。在这种大趋势下，信息可视化也由原来的静态信息图向动态形式方向发展。动态技术的加入丰富了信息处理的表现形式，也为用户提供了更有趣、更高效的信息传递方式。

静态信息可视化设计是指充分利用图形、色彩、文字、符号等设计要素，以多样化的静态形式呈现给用户，满足用户对信息的需求。动态信息可视化设计是在传统平面静态信息可视化设计的基础上融入动态效果，形成一种全新的视觉传达方式，主要通过网页、App 设计、大数据平台、大屏展示等以屏幕为媒介的信息展示作品。动态信息可视化设计不仅扩展了传播途径，还生动地展示了静态设计无法表现的逻辑关系和动画效果，是静态信息可视化设计的升华。相比静态信息可视化，动态信息可视化有三方面优势。第一，视觉元素的动态化。在数字技术快速发展下，信息设计中的图形、文字、色彩等元素，以丰富的动态形式呈现，增强了视觉表现力。音频、视频、动效、虚拟现实技术提升了信息传播力度。第二，传播媒介的动态化。信息传播不局限于静态信息图、海报等媒介，手机、大屏、网络等传播媒介可以实时展示信息和变化趋势等。第三，动态信息可视化设计中的交互设计。交互设计的介入让用户与信息距离更近，设计更加智能化和人性化，提升了信息传播的有效性。

## 任务 8.1 动态信息可视化流程

动态信息可视化基于静态信息可视化，融入动态视觉效果。图 8-1 是动态信息可视化设计流程，包括静态信息设计的关键步骤，即选题分析、信息收集、信息组织、视觉设计。在静态设计基础上完成动画设计即可。

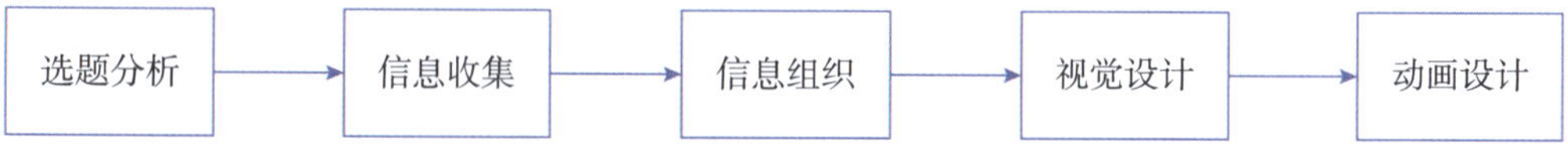


图 8-1 动态信息可视化设计流程

# 任务 8.2 静态信息可视化项目实践

以篆刻艺术为主题开展信息可视化项目实践，以学生陈焕忠的毕业作品为例。

## 8.2.1 选题分析

### 1. 选题背景

中华优秀传统文化是中华民族文化自信的坚实基础，是凝聚国力的精神支柱。弘扬中华优秀传统文化，有利于促进时代的发展进步；有利于增强民族凝聚力，增强民族的认同感和归属感，提升国家软实力；有利于实现中华民族伟大复兴的中国梦。

中华优秀传统文化是中华民族几千年的宝贵结晶，其历史悠久，内涵丰富，具有极高的理论与实践研究价值。然而，由于时代背景的不同，传统文化不仅信息繁杂且大多以晦涩难懂的文字作为承载形式，严重影响了其传承和发展。因此，我们需要寻求更加有效的方式来传播和弘扬中华优秀传统文化。近年来，中华优秀传统文化也不断以崭新的姿态出现在公众面前。在这个信息爆炸的时代，传统文化与现代媒体技术相结合，为传统文化的传播带来新的活力。

作为一门具有广阔发展前景和独具特色的艺术学科，信息设计已经被应用到许多领域和学科中，通过使用文本、图形、图表等元素来重新组合原始信息，提高信息传播的效率。近年来，以传统文化为主题的信息可视化设计研究层出不穷，有效地降低了传统文化的学习门槛，增加了传统文化的可接受度，极大地促进了传统文化的传播。

篆刻艺术是将镌刻（包括凿、铸）和书法（主要为篆书）相结合来展现的一门传统艺术，至今已有 3000 多年的历史，它的表现层面包括诗文、书法、绘画、雕刻、拓印等诸多美感元素，可谓“采众美以成芳，集群葩以成秀”的一门综合艺术。作为人类非物质文化遗产代表作之一，篆刻艺术具有丰富的欣赏价值与实用价值。然而目前关于篆刻艺术的信息可视化设计研究还比较稀缺。因此，本项目从视觉设计的角度出发，研究中国传统篆刻艺术信息可视化设计的可行性和设计方法，希望能为传统文化信息可视化设计提供参考。

### 2. 选题目的

为了更好地呈现并普及篆刻艺术这项传统文化，我们将篆刻艺术与信息可视化设计相结合，在充分了解信息可视化设计的特点、形式、原则的同时对篆刻艺术进行深入的剖析，收集相关数据，将篆刻艺术以信息可视化设计的新语境形式传播给大众。

### 3. 选题意义

篆刻作为一门古老的文化艺术，有着博大精深的文化内涵，素有“方寸之间，气象万千”的美誉。然而传统文化的传播难度较大的原因之一是其晦涩难懂的刻板印象仍停留在人们的脑海中。利用新的视觉语言及信息可视化手段，赋予篆刻艺术新的艺术展现形式，将篆刻艺术知识以易识易辨、通俗易懂的视觉方式呈现，对于弘扬作为中华优秀传统文化之一的篆刻艺术具有深远意义。

## 8.2.2 数据收集与整理

篆刻是镌刻和书法相结合，来制作印章的艺术，是以石材为主要材料，以刻刀为工具，以汉字为表象，并由中国古代的印章制作技艺发展而来的一门独特的镌刻艺术。中国篆刻艺术具有悠久的历史，早在2000多年前的秦汉时期就已奠立形制。随着时代的发展，篆刻艺术的价值从起初工匠的技术制作逐渐转向文人的艺术创作，其审美功能越来越突出，成为以汉字为主体的特有艺术，与书法、国画一起成为中华传统文化艺术的瑰宝。篆刻艺术三要素包括篆法、章法和刀法。

### 1. 篆法

篆刻一般以篆书作为文字载体，篆书可塑性强、笔画粗细均匀，变化灵活。欣赏或篆刻印章，首先要学习篆书，要能够辨识各个时期、不同类型的篆书，不能认错或刻错字。刻刀之于印石相当于毛笔之于纸张，只有掌握了篆书匀称平衡、弯曲变化的造型规律，才有可能用刻刀表现出来。篆刻讲究印文与印文之间、印文与印章之间的协调配合，即篆体的选用和对应时期的印章形式要吻合。

### 2. 章法

章法也称分朱布白，是对印章形式的选取及印文排列方式的构思。疏密、轻重、屈伸、挪让、承应、巧拙、变化、盘错、离合等具体手法，使得印面设计既有虚实变化又和谐统一。

### 3. 刀法

了解篆法和章法可以欣赏印章的精巧美妙，而只有具备娴熟的刀法才能够创作一方生动、有韵味的印章。刀法分为两大类：冲刀法和切刀法。通常，冲刀用来刻较长的笔画，切刀用来刻较短的笔画。

阅读大量已出版的专业书籍、期刊论文等时，可以将篆刻知识进行分类整理，梳理出篆刻艺术的基本知识框架。篆刻艺术基本知识框架如图8-2所示。

## 8.2.3 素材制作

在信息图设计阶段，首先进行草图的绘制，确定画幅的比例及各个板块所占的区域。本项目选择A3的画幅大小进行信息图设计，版式上需要遵循阅读习惯，即满足从左至右、从上至下的视线流动的科学规律，以减轻阅读负担，保证信息的顺利传达，详见图8-3设计草图布局。

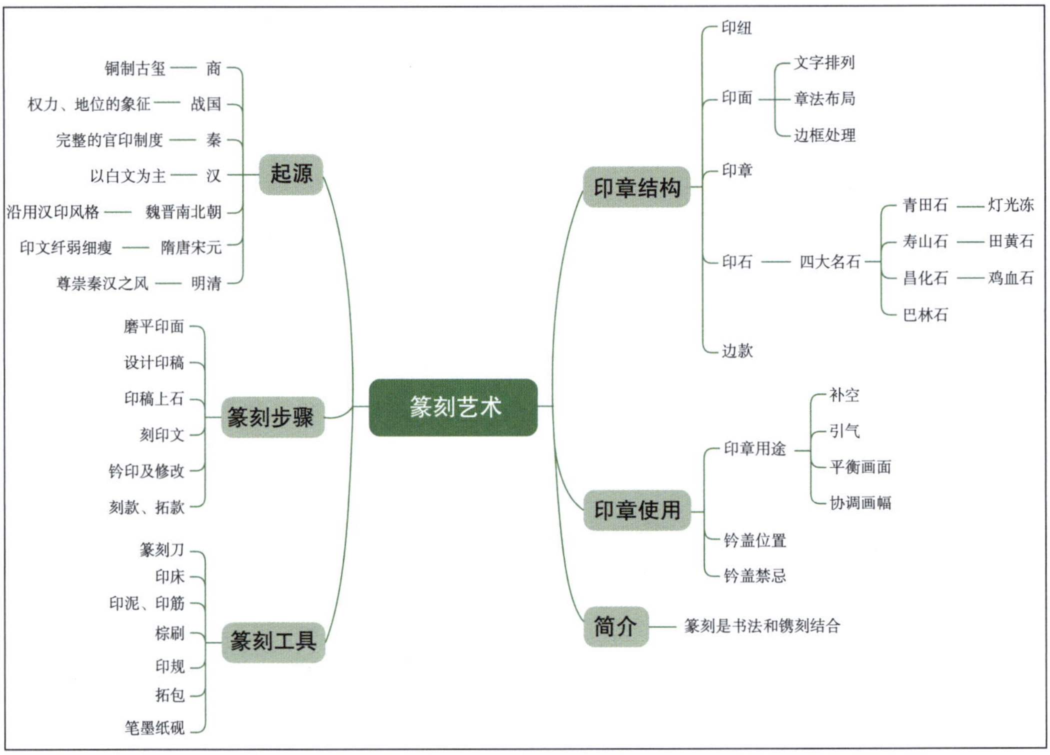


**图 8-2　篆刻艺术基本知识框架**

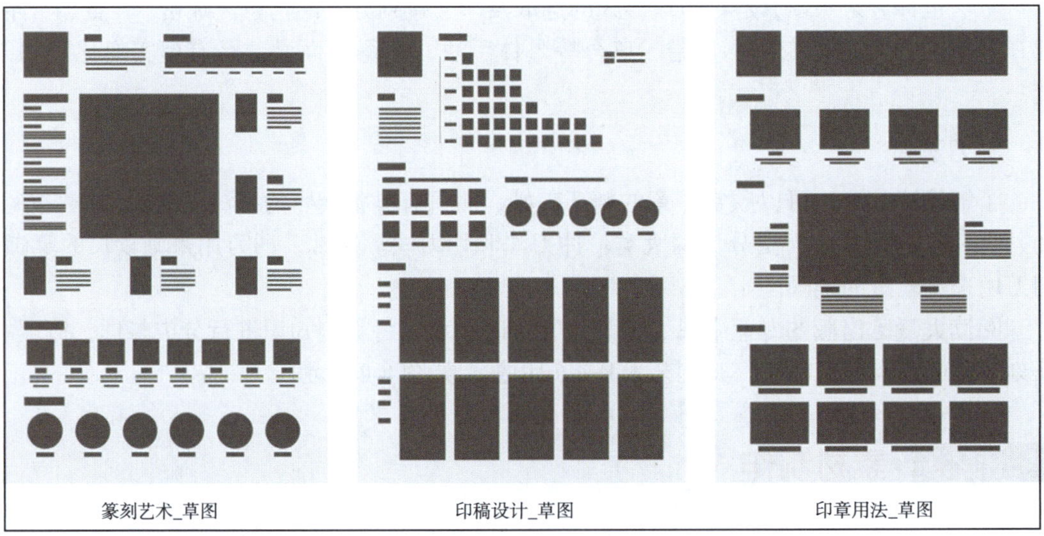


**图 8-3　设计草图布局**

### 1. 篆刻艺术篇

图 8-4 中，设计者在信息图的主视觉处选择了比较具有代表性的明代著名篆刻家何震刻制的“听鹂深处”印，并延伸出各个部位的拆解图，再配以文字说明，使印章的结构一目了然，方便用户了解印章的结构及相关知识。

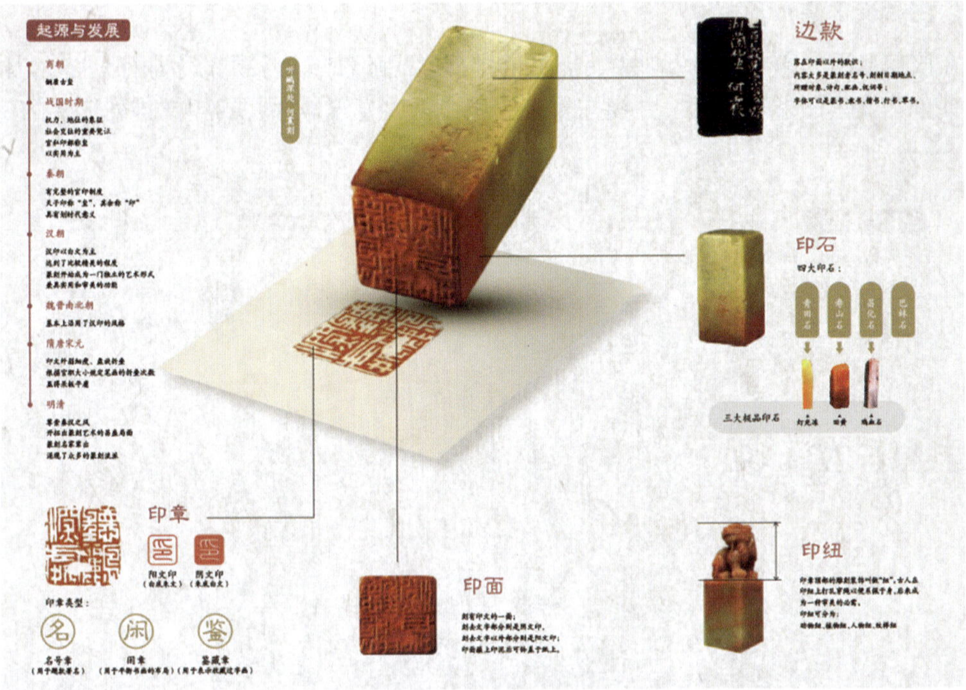


图 8-4　印章结构拆解

在篆刻工具的展示上，虽然可以在互联网上搜索到相关图片素材，但由于网络图片的风格、清晰度、质量等参差不齐，会影响整体画面的美感，因此需要单独绘制，并加上工具名称及用途进行说明，如图 8-5 所示。

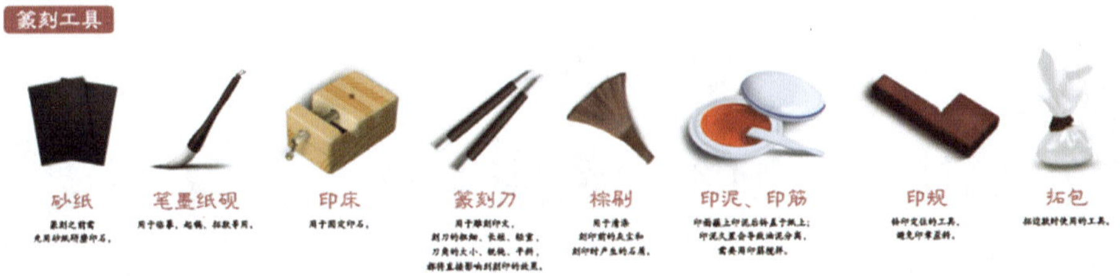


图 8-5　篆刻工具的绘制

将篆刻的各个步骤绘制成插图，加上箭头引导阅读，再配以必要的文字说明，有助于用户快速地获取信息，理解印章刻制的过程，如图 8-6 所示。

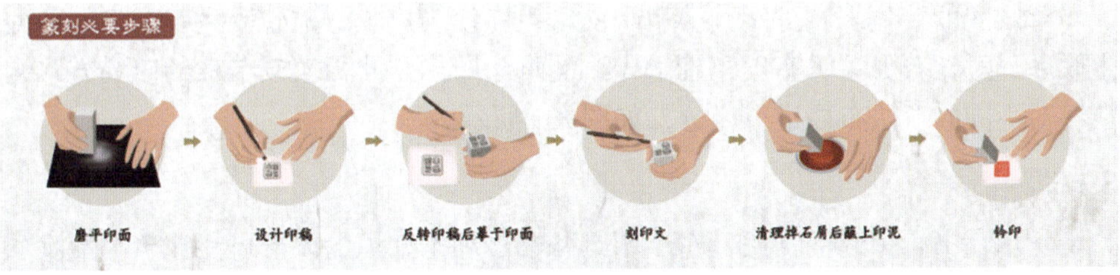


图 8-6　篆刻必要步骤

## 2. 印稿设计篇

在该信息图的印文排列板块中，印文的排列形式随着印文字数的增加而增多，因此将印文抽象为简单图形来表示，并横向排列，用户可以直观地感受到印文排列形式的变化，如图 8-7 所示。

**图 8-7　印文排列形式**

在边框设计板块，将其分为边框样式和破边手段两个部分，分别用图形进行表示，如图 8-8 所示。

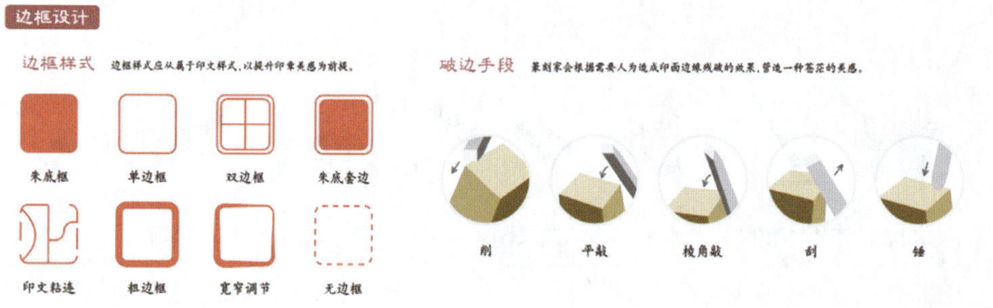


**图 8-8　印章边框设计**

在章法布局板块中，设计者选用了历史上比较具有代表性的印章来解释不同的印文处理手法。考虑到用户对于篆书的辨认可能存在较大难度，设计者通过展示简体字、繁体字、篆书、印章之间的变化来减少阅读障碍，同时也能使用户更好地感受到印文之间如何变化及产生联系、对比等关系，有助于理解印章的章法布局。此板块以卡片的布局方式进行呈现，能够对不同的章法布局进行区分，如图 8-9 所示。

## 3. 印章用法篇

关于印章在书画中起的作用，对于不具备书法理论知识的人群可能比较晦涩难懂，因此根据每个用途的概念分别设计了图形用于辅助理解。如图 8-10 所示。

图 8-9　印章篆刻的章法布局

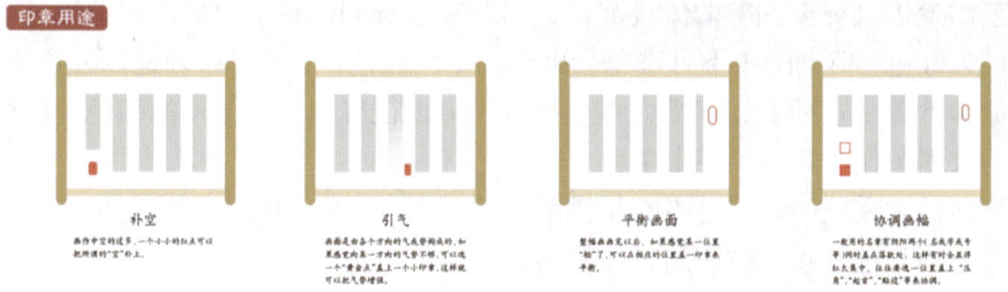


图 8-10　印章用途

关于印章的铃盖位置分布，设计者采用了书法卷轴的形式，用色块充当书法正文来加以说明，在卷轴上标注了印章铃盖的区域，并加引导线和文字说明，使各个印章的铃盖位置一目了然，如图 8-11 所示。

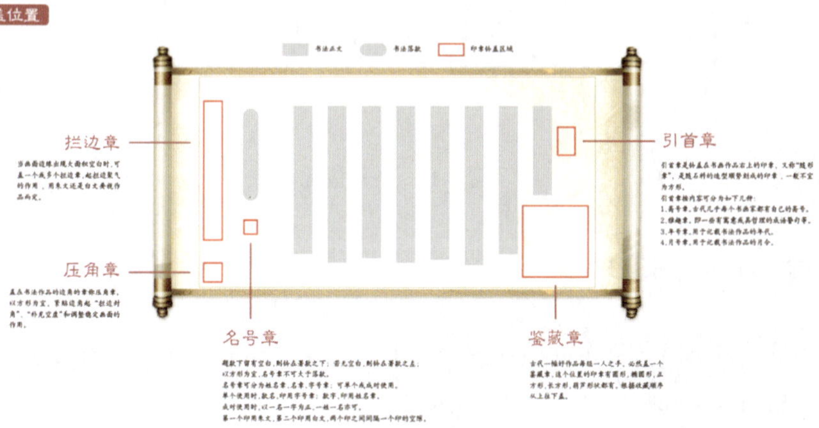


图 8-11　铃盖位置

印章的钤盖禁忌也采用图形来表示，极大程度地避免了阅读冗长的文字所带来的负担，如图 8-12 所示。

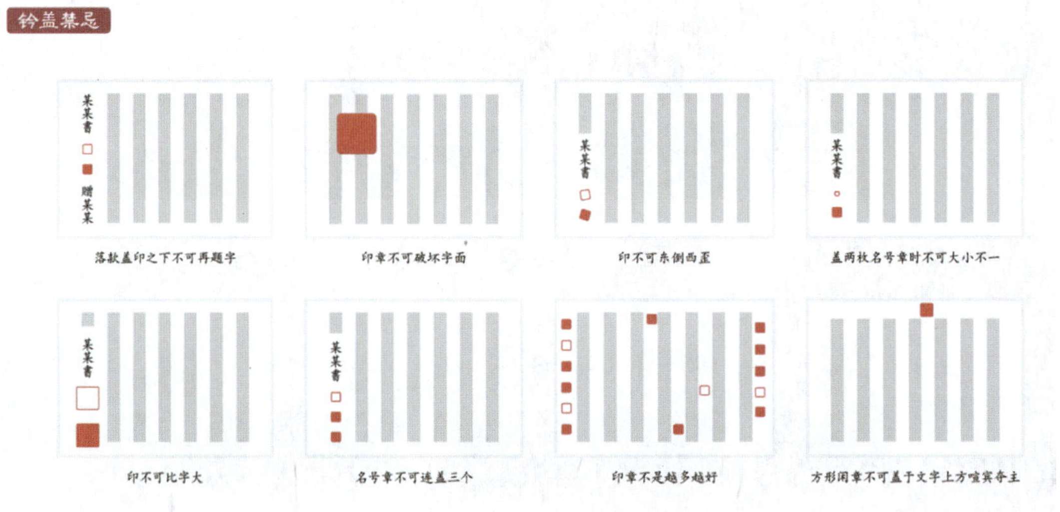


图 8-12　钤盖禁忌

篆刻艺术是极具历史渊源的传统文化，因此在色彩的选择上也偏向古典配色。由于印章的颜色均为红色，信息图中不可避免会出现大量的红色，因此可以确定以红色为主色调。且印章一般都钤盖于宣纸上，宣纸大多呈白色，可以很好地突出印章的颜色，因此设计者置入宣纸的纹理图作为背景，突出主题。

为了画面的和谐统一，设计者在辅助色上选择了与主色调接近的棕红色及黄色，以及无彩色的黑色和灰色相互搭配使用，如图 8-13 所示。

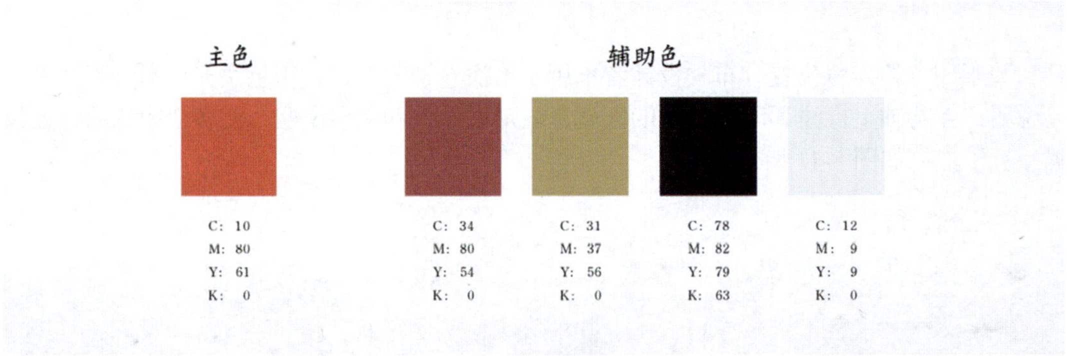


图 8-13　色彩搭配

## 8.2.4 视觉设计

篆刻艺术信息图最终效果图包括篆刻艺术信息图、印稿设计信息图以及印章用法信息图，完整作品如图 8-14、图 8-15、图 8-16 所示。

图 8-14　篆刻艺术信息图

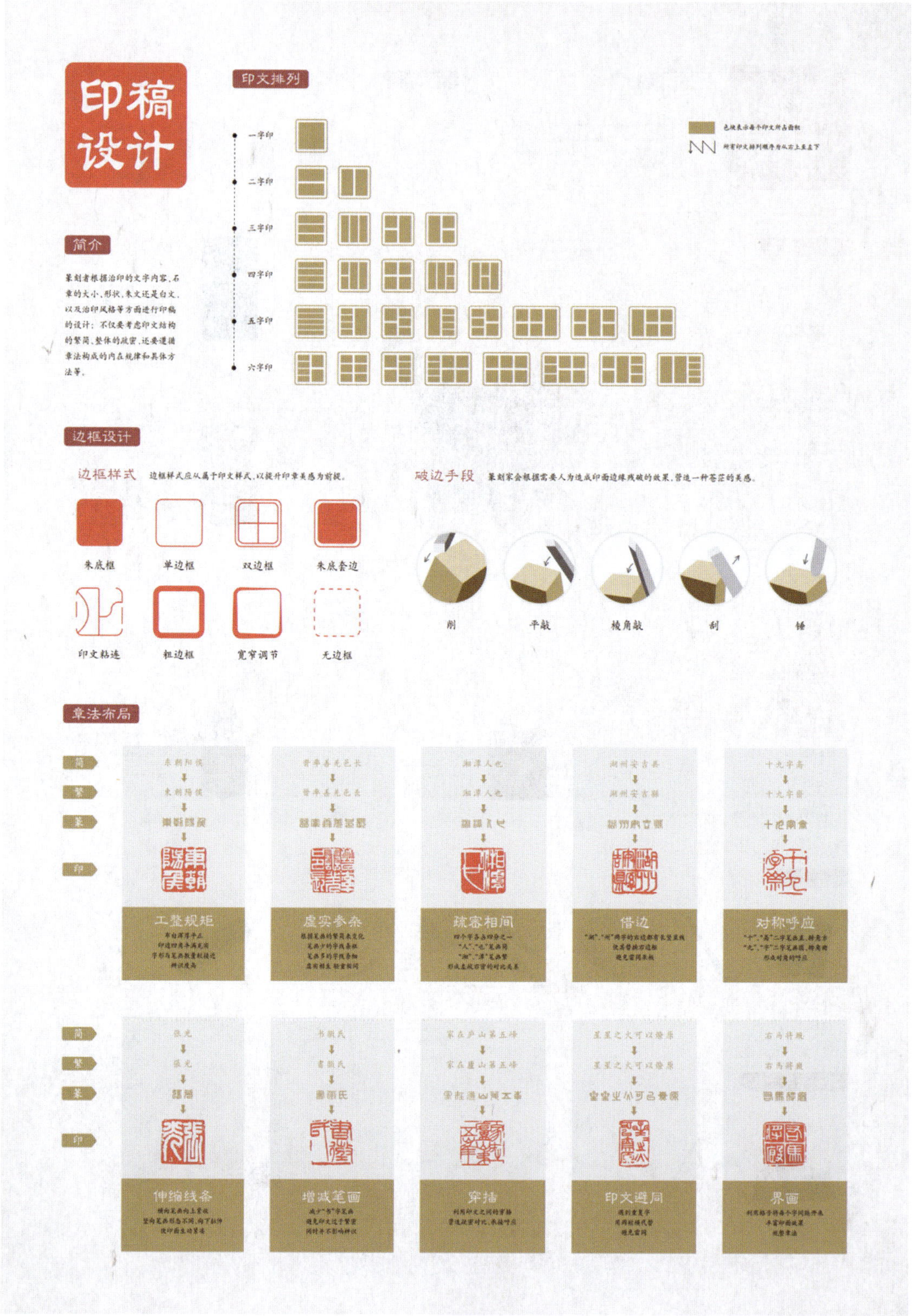


图 8-15　印稿设计信息图

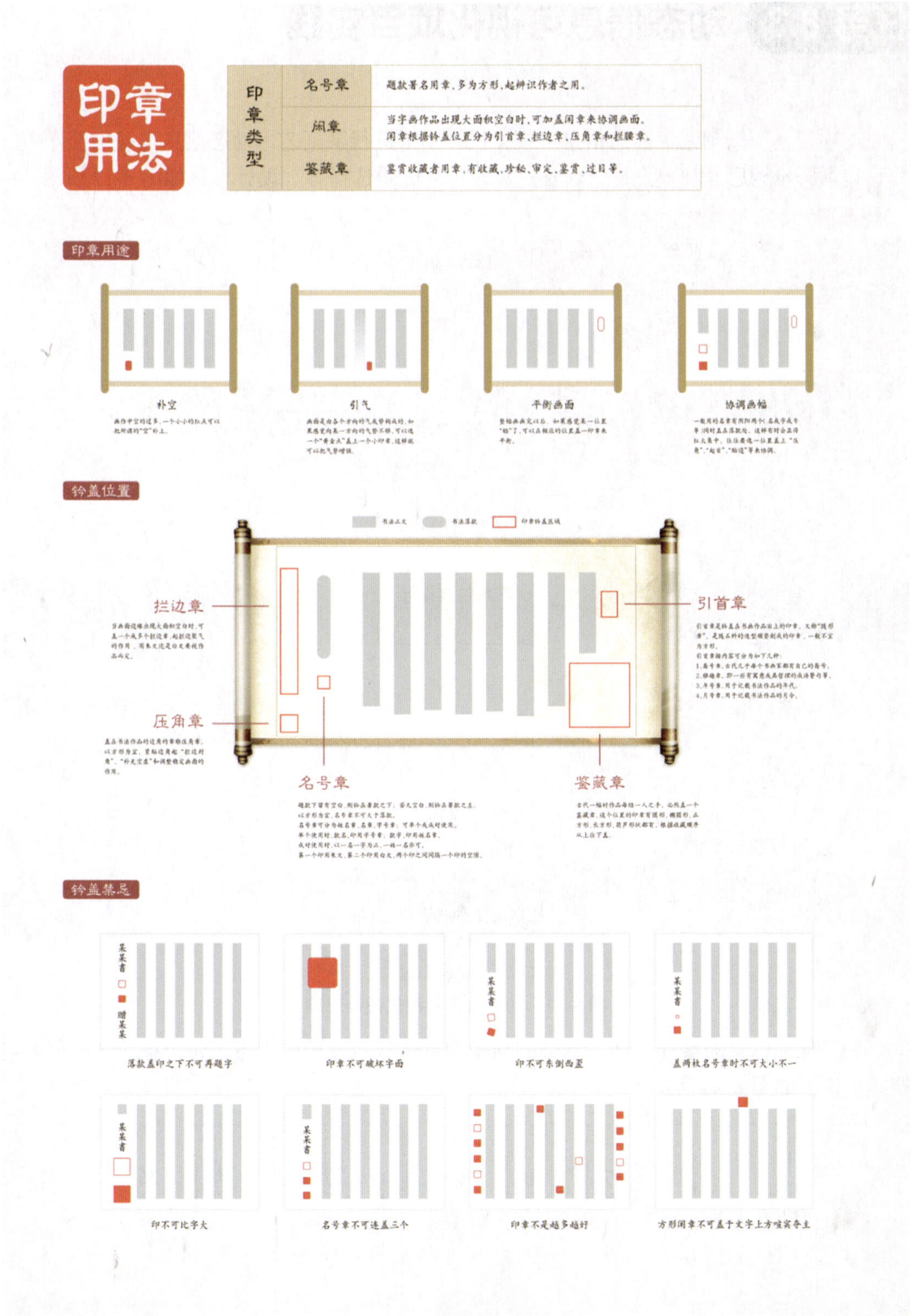


图 8-16　印章用法信息图

# 任务 8.3 动态信息可视化项目实践

本项目基于篆刻艺术静态信息可视化设计图来进行篆刻艺术动态信息可视化设计的创作，包括脚本构思、动效设计、转场过渡设计、配乐选择等。设计思路如图 8-17 所示。

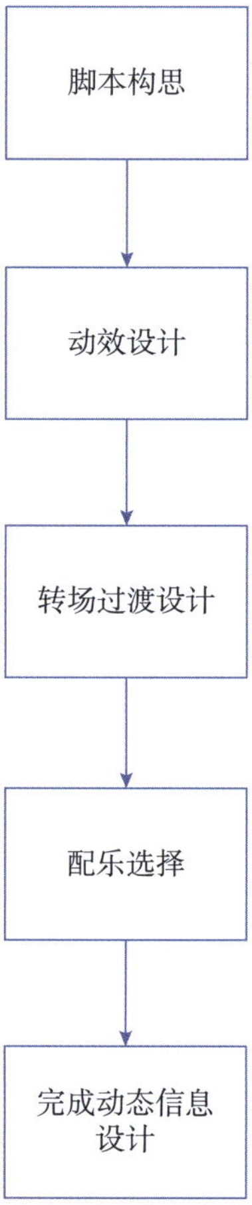


**图 8-17　动态信息可视化设计思路**

为了保证信息的顺利传达，动画的结构即整体叙述过程应连贯，每个板块之间要有规律地衔接，如图 8-18 所示。

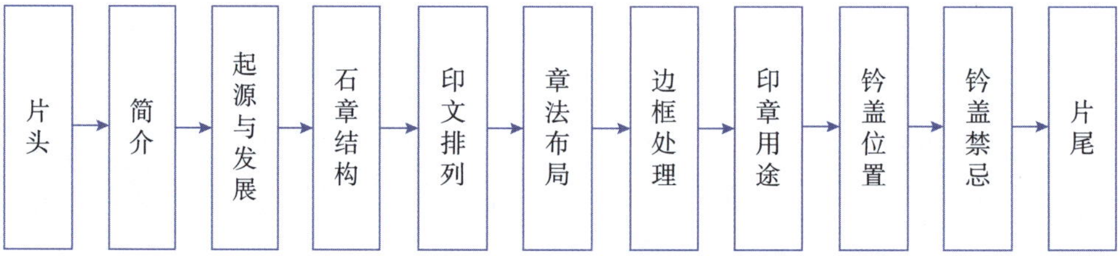


**图 8-18　动画设计过程**

动态信息可视化设计采用 1920 × 1080 的画面大小进行设计，可以适配大部分的电子设备屏幕。由于画幅的改变，我们用 Photoshop 软件对篆刻艺术的信息设计元素进行重新排版并用 After Effect 软件（以下简称 AE）来制作动态效果。

## 8.3.1 动效设计

为了使整体的效果连贯平缓，本次动画设计大量使用缓入缓出的呈现方式，避免元素的出现过于突兀而影响受众的观看体验。当有多个对象需要呈现时，须控制好每个对象的出现时间，以篆刻艺术的起源与发展为例（见图 8-19），以一根直线的延伸来模拟时间线的概念，信息则根据时间顺序依次出现，使动画效果与呈现信息相互关联，更有益于受众对信息的接收。

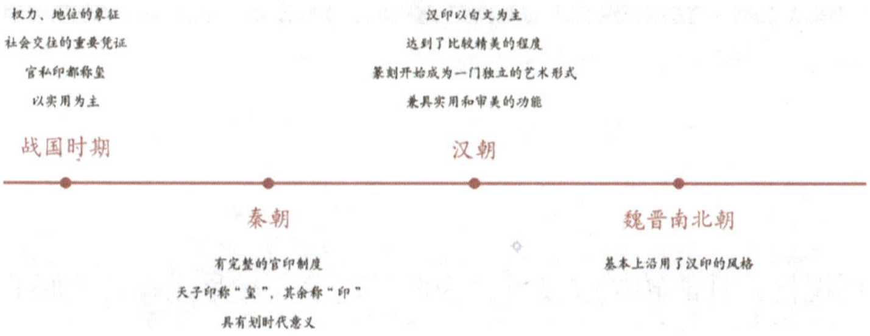


图 8-19　起源与发展动效关键帧

当解释某个专业概念时，通过对图形的标注来辅助理解。以章法布局中的穿插为例，将印章中印文穿插的笔画进行动态标记，穿插的概念一目了然。制作方法是在 AE 中用“钢笔”工具沿着穿插的笔画绘制路径，并控制“修剪路径”的开始与结束时间，如图 8-20 所示。

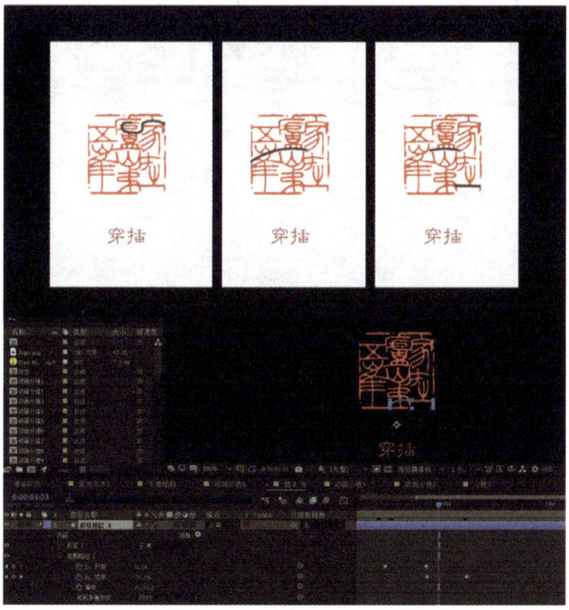


图 8-20　穿插动效关键帧及制作方法

在介绍印章钤盖位置时，先圈出钤盖的位置，再延伸出印章的类型及介绍，以这种方式来引导观者的视线流动，使动画更加生动形象。制作方法是在 AE 中为每个印章类型添加蒙版，并控制蒙版的“蒙版路径”关键帧，如图 8-21 所示。

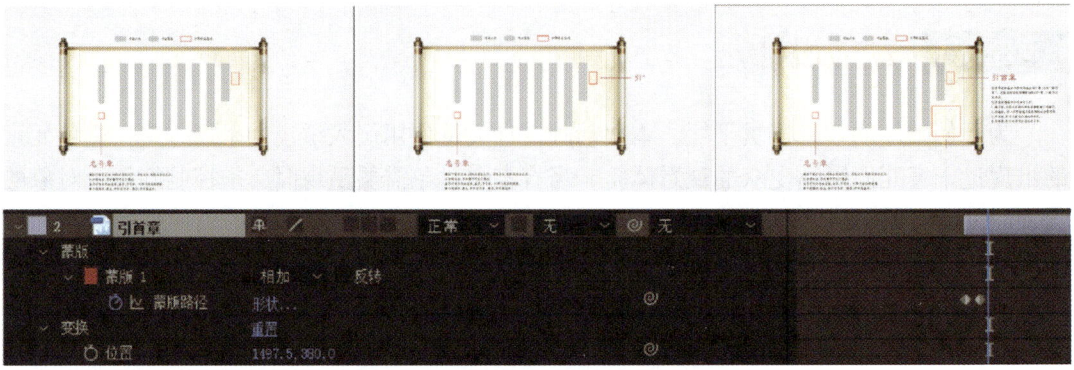


图 8-21　钤盖位置动效关键帧及制作方法

## 8.3.2 转场过渡

本次动态信息可视化设计的转场过渡可分为两类，第一类是无直接关联的板块间的过渡，第二类是可关联的板块间的过渡。

第一类过渡是通过宣纸素材覆盖上一板块的内容后再出现下一板块的内容，用这种方式营造一种层次感。以篆刻艺术起源与发展和石章结构之间的过渡为例，宣纸覆盖起源与发展的内容后石章结构标题才缓缓出现，如图 8-22 所示。

图 8-22　转场过渡关键帧

第二类过渡以石章结构到印文排列之间的过渡为例。石章结构中的印章正好可以作为印文排列的例子，因此将石章结构中的印章单独提取出来做标注，再从单个例子以从中心散发的方式转换到不同字数的印文排列，如图 8-23 所示，在丰富动画效果的同时，动画内容也更加紧凑。

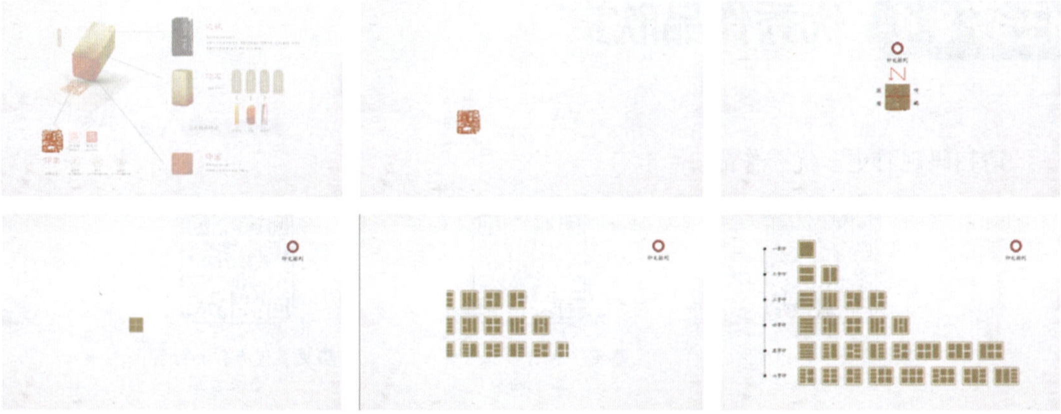

图 8-23　印文排列转场过渡关键帧

## 8.3.3 配乐选择

动画采用 Kevin Kern 的《Paper Clouds》作为背景音乐，《Paper Clouds》音乐风格轻柔舒缓、优美动听，很适合用于传统文化主题的动画中。为背景音乐添加缓入缓出的效果，与动画整体风格搭配，能够增强观看体验。

制作方式为将背景音乐的 MP3 格式文件导入 AE 中，并在片头和片尾处调整“音频电平”的数值，即在片头处背景音乐声音渐渐出现，在片尾处背景音乐声音渐渐消失，如图 8-24 所示。

图 8-24　背景音乐调整

## 8.3.4 动画展示

请扫码观看完整作品。

更多优秀作品欣赏：
篆刻艺术

# 任务 8.4 优秀作品欣赏

请扫码观看更多优秀作品。

更多优秀作品欣赏：国粹脸谱

更多优秀作品欣赏：二十四节气

更多优秀作品欣赏：南头古城

## 项目小结

本项目介绍了动态信息可视化设计的流程，并将项目实践分为静态信息可视化和动态信息可视化两个阶段。静态信息可视化是动态信息可视化设计的基础，通过动效设计、转场过渡和配乐选择完成 MG 动画设计。学生掌握动态信息可视化设计流程，能够完成各类主题动画设计，对文化传播与推广具有重要意义。

## 课后思考

（1）动态信息可视化设计过程包括哪些步骤？

（2）动画设计脚本包括哪些要素？

（3）动画设计中图形、色彩、文字等要素与主题之间的关系是什么？

# 项目 9 信息可视化应用与发展

## 任务 9.1 信息可视化应用领域

信息可视化是一个跨学科领域，致力于通过图表、图形、地图等可视化形式，将抽象的数据和信息转化为直观易懂的视觉展示方式，以帮助用户更好地理解和分析数据。它可以是静态的，如一张图片；也可以是动态的，如一个动画；还可以是交互的，如一个可交互的应用程序，用户可以与之互动。

信息可视化在许多领域都有广泛的应用，例如：在商业领域，信息可视化可以帮助企业进行数据分析和决策制定；在科学领域，信息可视化可以帮助科学家更好地理解数据和模型；在医学领域，信息可视化可以帮助医生更好地了解病人的病情，制定有效的治疗方案；在教育领域，信息可视化可以帮助学生更好地理解和记忆知识点；在新闻媒体领域，信息可视化可以帮助读者更好地理解新闻事件和数据报告。

### 9.1.1 文化与体育类

世界遗产是一个地区、一个民族经过历史积淀而成的精华，它以物质的形式固定下来，并不断传承。以世界遗产为切入点，从地理、气候、历史、艺术等角度，通过信息图形式解读中国的世界遗产的丰富内涵和文化价值，我们希望更多人了解中国特有的文化、自然等领域的知识，将过去几千年创造的文化不间断地传承下去，同时，也要将新时代的文化注入其中，赋予世界遗产新的活力，不断实现文化遗产的保护、传承和利用。

天坛祈年殿作为中国古代建筑的杰作之一，承载着深厚的文化底蕴和历史内涵，是世界文化遗产和旅游景点。为突出其在中国文化传承中的重要地位，展现其对中国传统价值观念和宗教信仰的影响，我们以信息可视化方式向公众传递有关天坛祈年殿的知识，提供更直观、便捷的参观信息，吸引更多人了解和参观这一历史古迹，促进对中国传统建筑文化的理解和认知。图 9-1 和图 9-2 是以天坛祈年殿为研究对象的信息图，是白金创意国际大赛获奖作品。

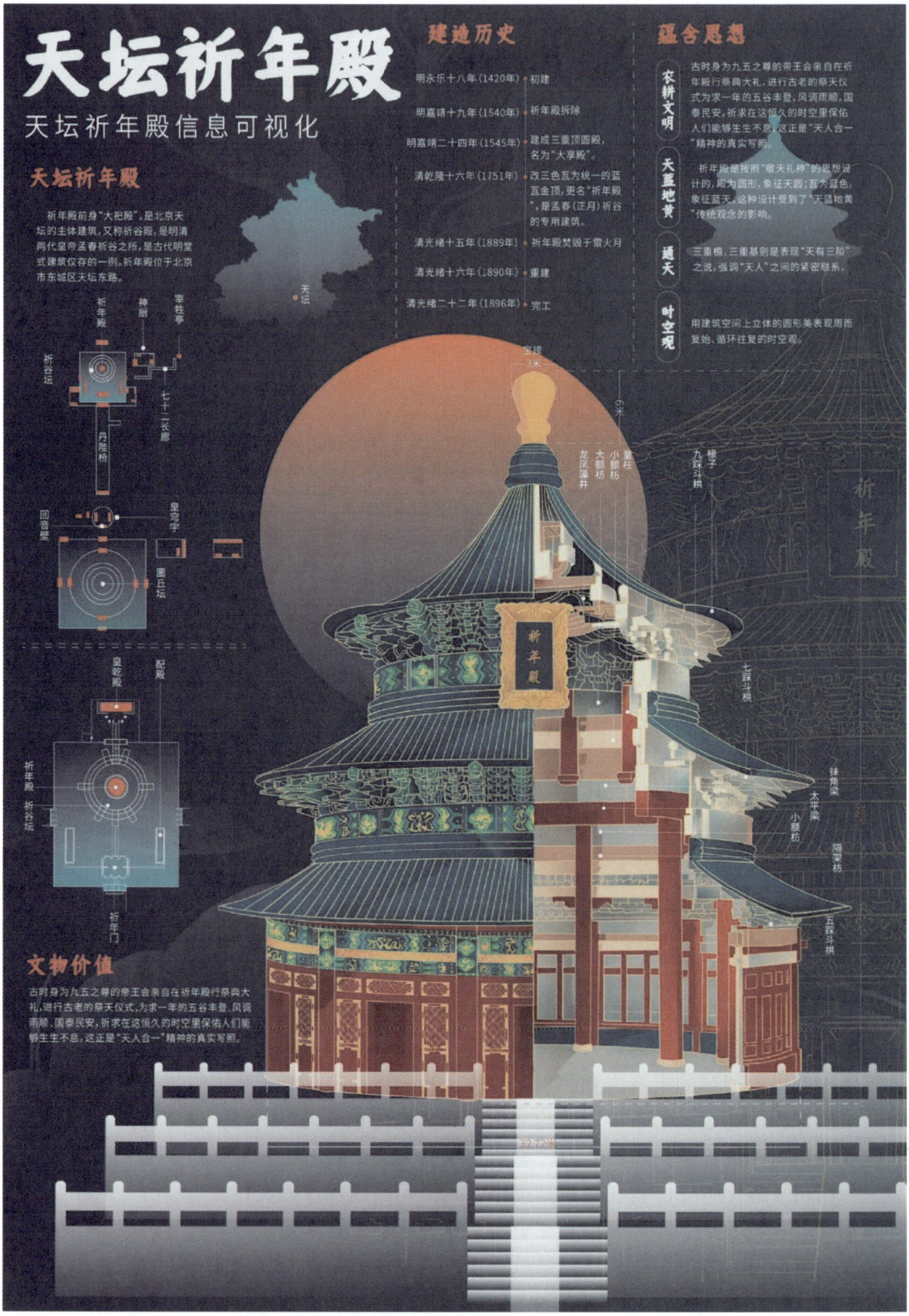


**图 9-1　天坛祈年殿信息可视化设计（白金创意国际大赛获奖作品）**

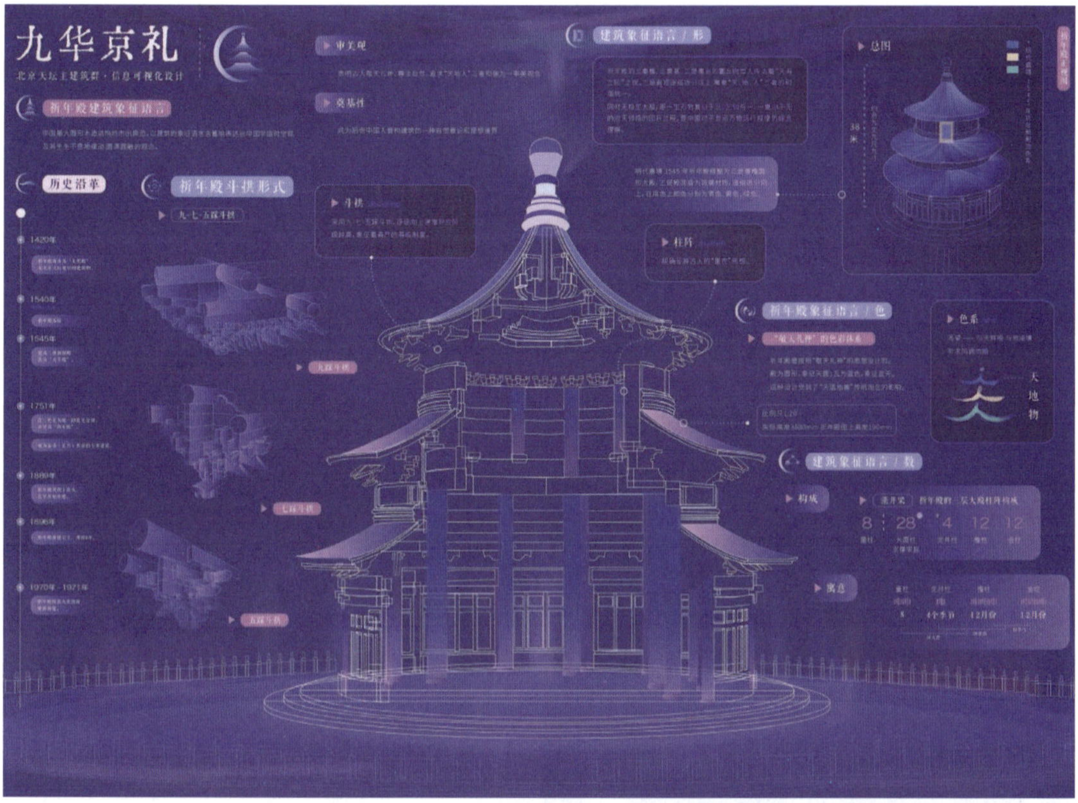


**图 9-2　“九华京礼”北京天坛建筑群（白金创意国际大赛获奖作品）**

信息可视化不仅在文化领域发挥着重要作用，在体育领域同样能够大放异彩。IBM 公司开发的“IBM 技术园”（IBM Technology Garden），结合了数据可视化、数字艺术和交互式展示，以创造具有美学价值和信息深度的展示为目标。这些数据通过 IBM 技术园，转化为数字美学，结合英国花园的传统形式，变得更加真实而生动，让观众能够更好地理解数据背后的故事，如图 9-3 所示。

IBM 技术园在温布尔登网球公开赛展出，IBM 使用大数据分析技术，结合比赛和球员统计、天气预报、网络安全事件和网站访问等各种数据点，以便进行深入的分析和洞察。这种方法可以帮助 IBM 和其他公司更好地了解市场、用户行为、风险和机会，并做出基于数据的决策。

紫外线摄影是只有昆虫等特定生物才能看到的图案呈现在人眼可见的照片上的技术。IBM 技术花园在设计中采用品牌指南中的颜色和紫外线摄影的色调，展示数据中的隐藏信息，为用户提供更深入的理解。其意在表达 IBM 通过数据可视化展示不可见的东西的理念，让用户更好地理解数据的内在含义。

形态发生是一种生物驱使生物体形成特定形状的过程。IBM 将软件产品与形态发生灵活性联系起来，表达 IBM 软件产品能够不断变化并适应温布尔登网球公开赛和数据驱动世界中的挑战，意在强调 IBM 软件产品的适应性和灵活性。

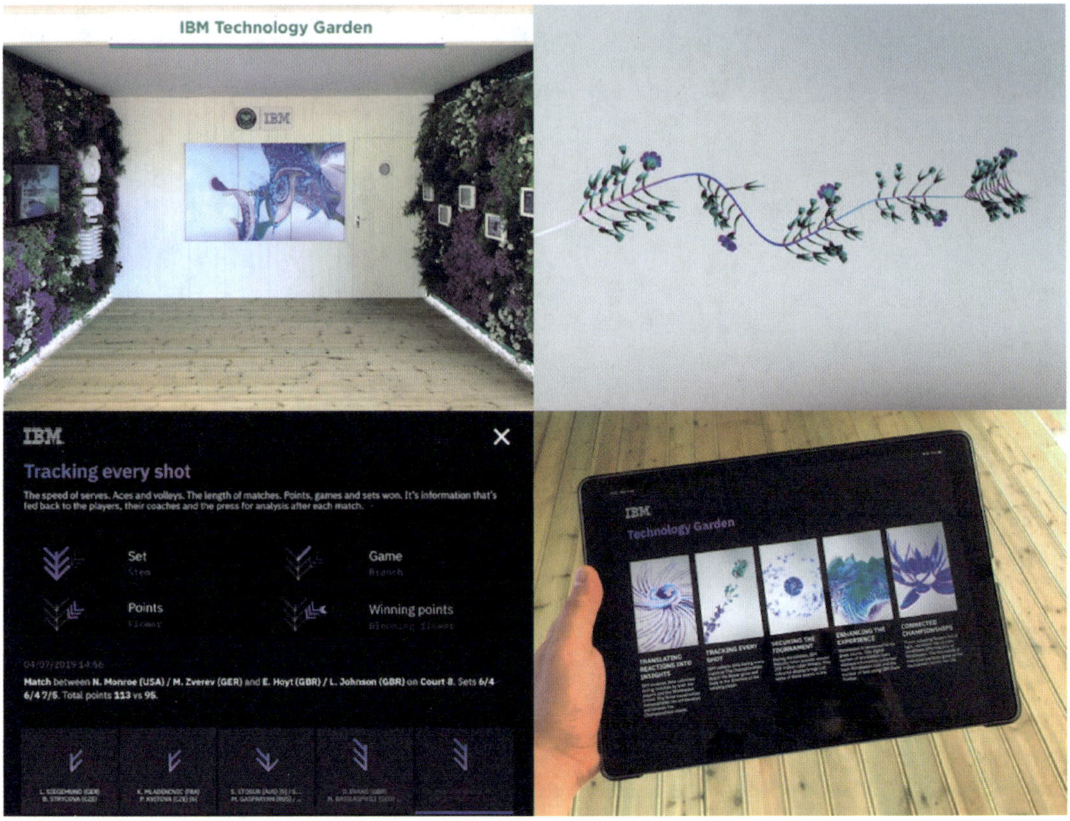


图 9-3 IBM 技术园系统

## 9.1.2 政治与社会类

政治社会类的热点问题既是人们日常关注的重点，也是媒体报道的焦点。为了提高人们对于这些问题的理解，可视化也得到了广泛应用，包括教育、环保和公共健康等领域。通过各种图表、地图以及交互式应用等，人们可以更好地理解社会类问题的复杂性和关联性，从而更好地参与到公共事务中。

《国家地理》杂志制作的“塑料泛滥”可视化信息图生动揭示了塑料污染在全球海洋中的普遍性。从海洋表层到最深处，塑料垃圾无处不在。这些塑料大部分分解成微塑料，随后被海洋生物摄入，可能进入人类食物链，从海洋表层到深处积累，对海洋生物和生态系统造成深远影响。这一案例研究的视觉组成部分有效地使用了一系列层叠的塑料吸管样式的条形图来表示不同海洋环境中发现的微塑料浓度——从沿海地区到公海，如图 9-4 所示。设计不仅呈现了污染的规模，还突出了受塑料堆积影响最严重的区域。通过比较海水与沉积物中的浓度，该可视化信息图强调了塑料废弃物的持久性和普遍性。此案例研究强调了减少塑料废弃物和改善全球废物管理的紧迫需求。通过视觉呈现数据，污染对海洋及人类生活的影响被更有力地传达，增强了观众的理解和保护环境的紧迫感。

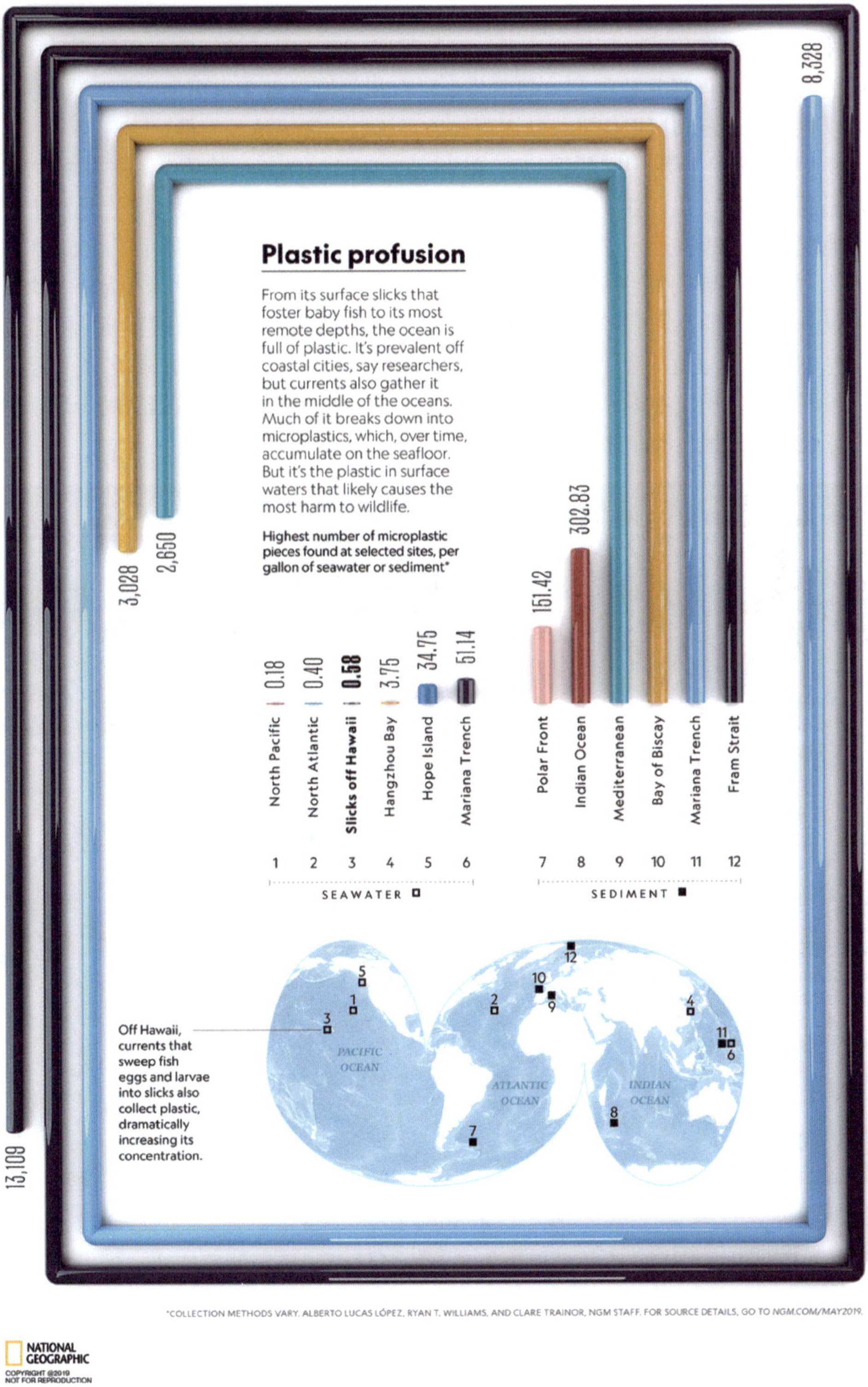

Plastic profusion
From its surface slicks that foster baby fish to its most remote depths, the ocean is full of plastic. It's prevalent off coastal cities, say researchers, but currents also gather it in the middle of the oceans. Much of it breaks down into microplastics, which, over time, accumulate on the seafloor. But it's the plastic in surface waters that likely causes the most harm to wildlife.
Highest number of microplastic pieces found at selected sites, per gallon of seawater or sediment*
1 North Pacific 0.18
2 North Atlantic 0.40
3 Slicks off Hawaii 0.58
4 Hangzhou Bay 3.75
5 Hope Island 34.75
6 Mariana Trench 51.14
7 Polar Front 151.42
8 Indian Ocean 302.83
9 Mediterranean 2,650
10 Bay of Biscay 3,028
11 Mariana Trench 8,328
12 Fram Strait 13,109
SEAWATER
SEDIMENT
Off Hawaii, currents that sweep fish eggs and larvae into slicks also collect plastic, dramatically increasing its concentration.
PACIFIC OCEAN
ATLANTIC OCEAN
INDIAN OCEAN
*COLLECTION METHODS VARY. ALBERTO LUCAS LÓPEZ, RYAN T. WILLIAMS, AND CLARE TRAINOR, NGM STAFF. FOR SOURCE DETAILS, GO TO NGM.COM/MAY2019.
NATIONAL GEOGRAPHIC
COPYRIGHT @2019
NOT FOR REPRODUCTION


图 9-4 塑料泛滥

## 9.1.3 科技与经济类

科技和经济密切相关，历史也表明，科技强国通常也是经济强国。通过将科技与经济的密切关系转化为可视化效果，人们向公众科普相关知识将变得更加容易。借助可视化，人们可以更好地理解和记忆信息，从而更好地了解科技和经济的发展。

图 9-5 是“新兴市场国家的崛起”（RISE OF THE MINTs）的信息图，其中“MINTs”指的是墨西哥、印度尼西亚、尼日利亚、土耳其和南非五个国家。图 9-5 在地图上标记了国家的地理位置；表格展示了 2014 年和 2050 年的 GDP 排名；饼图展示了 2050 年预测的平均收入增长；经济分析图表展示了 2008 年至 2030 年期间的 GDP 增长率、人均 GDP、商品和服务进口、商品和服务出口、消费者价格、工业增加值以及外国直接投资净流入。

信息图展示了这五个新兴市场国家的经济潜力。借助地图、GDP 排名表和经济分析图表，预测了这些国家在未来几十年的经济增长和收入提升。这些数据有助于理解这些国家在全球经济中的地位和未来的发展趋势。

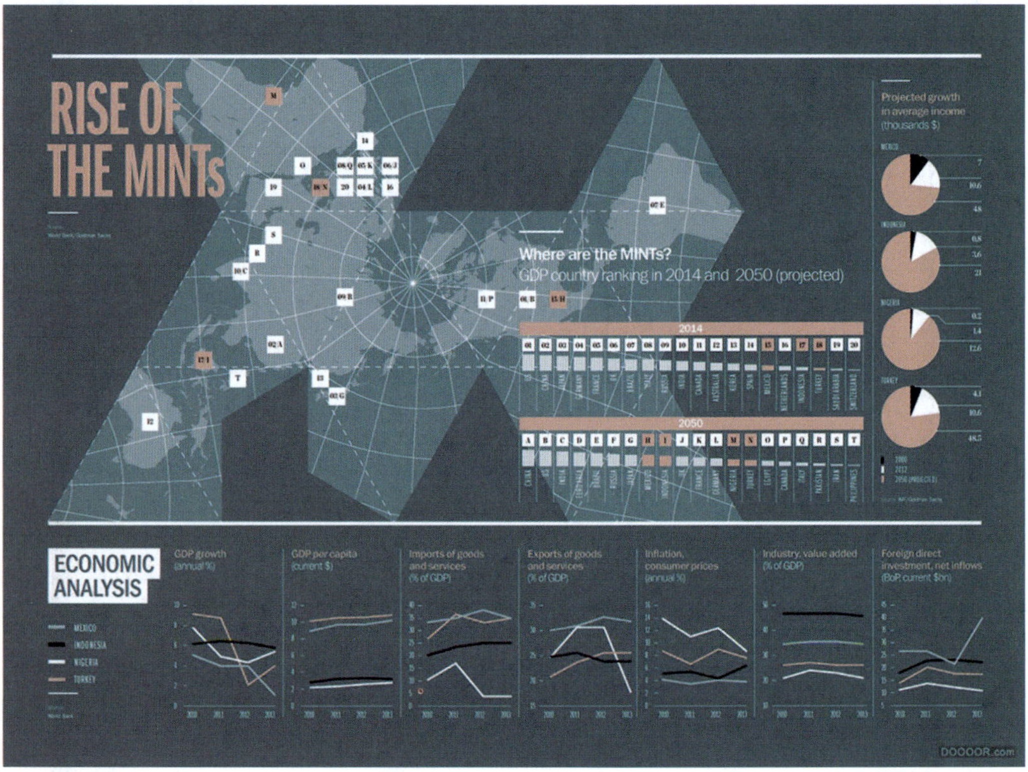


图 9-5 新兴市场国家的崛起

图 9-6 是关于流星雨日历的可视化作品。为了体现流星雨的周期性，创作者采用径向图表达，径向图的最外层是对流星观测有很大影响的月相数据。为了让读者快速了解最大阵雨发生的时间，并且仔细观察每次阵雨的细节，创作者在图表中添加了文字标签，以避免在图形和包含阵雨列表的图例之间来回切换。这样可以让读者更方便地查看每次阵雨的具体信息，同时也能够快速了解最大阵雨发生的时间。

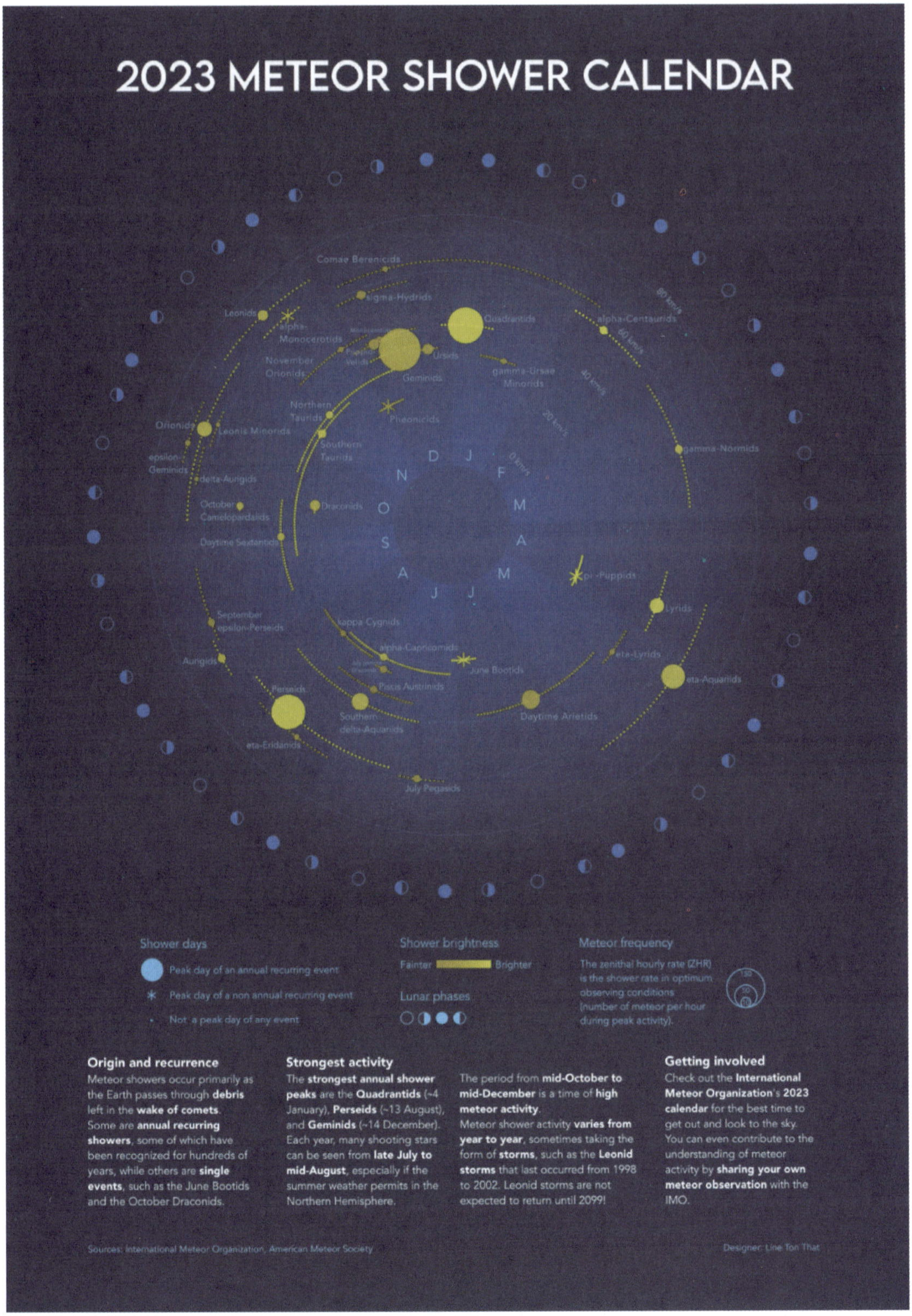


图 9-6　2023 年流星雨日历

为了尽可能增加可用于显示数据的标记数量，同时保持画面简单易懂，创作者采用了多种可视化处理方式，如使用颜色、大小、形状等来表示不同的数据信息，同时也选择了与夜间流星观测的星空氛围相匹配的颜色和字体，以及添加了一个中心圆圈来提醒地球位于流星的中心。这种流星雨的信息可视化方式可以引起更多人对天空的关注和兴趣。

# 任务 9.2 信息可视化前景

信息可视化是将抽象的数据、文字等信息通过视觉呈现展现出来的方法。人类早在远古时期就已经开始利用图形记录生活。18 世纪开始，信息可视化逐渐形成科学、普及的方法论，威廉·普莱费尔提出的标准化数据可视化方法至今仍被广泛应用。20 世纪初期，奥图·纽拉特提出的 Isotype 图像符号对图形设计产生了深远的影响。

随着科技的发展，信息可视化面临新的机遇和挑战。在信息爆炸的时代，现代通信和传播技术提高了信息传播的速度，拓展了信息传播的广度，但也增加了从海量信息中获取有用信息的难度。因此，信息可视化需要更精确有效地呈现信息，并帮助人们从海量信息中快速获取有用信息。信息可视化通过交互方式和多维展示等手段，使得信息更生动形象，更能满足人们对快速获取信息和直观理解信息的需求。

## 9.2.1 从静态到交互

随着大数据时代的到来，信息可视化已经成为当前研究与实践的潮流。如何在海量低价值密度信息中分析、整理、挖掘出有价值的信息，并通过人机交互的可视化手段进行呈现，是大数据可视化的一个发展趋势。而大屏数据可视化已成为信息可视化领域未来发展的重要趋势之一。

随着大数据和实时数据的不断涌现，以及对数据即时监控和分析的需求增加，大屏数据可视化成为一种重要的信息传达方式。其通过直观的图表、动画和实时数据展示，帮助人们更好地理解复杂的信息和数据。因此，大屏数据可视化已成为信息可视化领域中不可或缺的一部分，为人们提供了更加直观、高效的信息呈现方式。

图 9-7 展示了供水调度智慧平台，利用大屏幕设备，通过数据可视化技术，将供水调度系统中的各项数据、指标以及运行状态实时展示在屏幕上，以便供水管理人员进行监控和决策。平台通常会整合实时监测数据、水质信息、管网运行状态等内容，通过直观的可视化展示，帮助管理人员快速了解供水系统的运行情况，及时发现问题并采取相应的调度和管理措施。智慧平台有助于提高供水系统的运行效率、降低运营成本，并能够更好地适应不同需求和突发情况。

随着计算机技术的发展，特别是图形处理能力和交互式界面技术的发展，人们能够设计和展现更复杂、更具交互性的可视化图形，包括三维可视化技术、交互式图形用户界面等。三维可视化技术常用于科学、工程、医学、游戏等领域。常见的三维可视化工具包括 Blender、Unity、Three.js、D3.js、Matplotlib 等，它们可以用于创建三维模型、场景、动画、图表等，以及进行交互式的三维数据展示。三维可视化能够更好地展现空间数据和多维数据之间的关联，让人们更直观地理解数据。同时，三维可视化提供了更好的用户体验，能够让用户更深入地探索数据，发现隐藏的模式和关联，从而支持更好的决策制定和问题解决。

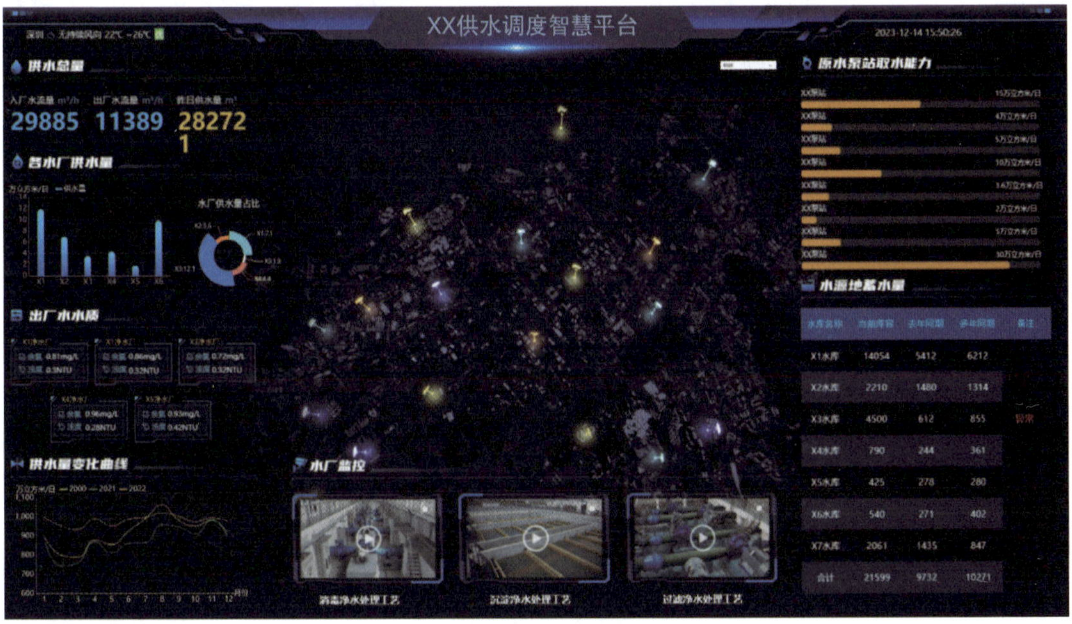


图 9-7　供水调度智慧平台大屏可视化

## 9.2.2 从低维到高维

随着数据的急剧增长和多样化来源的整合，我们需要更高维度的可视化来展现数据之间的复杂关系。高维度可视化成为必然趋势。同时，很多问题具有多维特征，如社交网络分析、基因组学等领域。信息可视化从低维度到高维度的发展有助于更全面理解数据、发现隐藏模式和关联，以支持更准确的决策。

Gapminder 是一个致力于推动全球可持续发展和促进对全球发展数据的理解的非营利组织。该组织通过分享、可视化和解释世界各地的数据，帮助人们了解全球社会、经济和环境的变化。它的目标是通过易于理解的数据来打破人们对世界的误解，并为政策制定者、教育工作者和公众提供实用的工具和资源，以便更好地了解和应对全球挑战。汉斯·罗斯林是Gapminder的创始人之一，Gapminder最著名的案例之一是数据可视化工具“Gapminder World”，这个工具可以帮助人们探索和理解全球发展数据。罗斯林将人均收入、预期寿命、人口数量等多个数据维度融入一个三维空间中，以时间序列的方式展现相关性和变化，以动画和交互式图表可视化方式展示全球发展的变化（见图 9-8），由此可以提供全面而多角度的全球发展趋势视图，用户也能够更清晰地理解不同国家之间的发展趋势。

图 9-8　罗斯林的“4 分钟了解 200 个国家的 200 年发展”可视化信息图

## 项目小结

本项目介绍了信息可视化在文化与体育、政治与社会、科技与经济领域的应用，以及未来发展趋势。

## 课后思考

（1）信息可视化应用领域包括哪些？

（2）简述可视化未来的发展趋势。

# 参考文献


[1] 木村博之 . 图解力：跟顶级设计师学作信息图 [M]. 吴晓芬，顾毅，译 . 北京：人民邮电出版社，2013.

[2] 邱南森 . 数据之美：一本书学会可视化设计 [M]. 北京：中国人民大学出版社，2014.

[3] 张毅，王立峰 . 信息可视化设计 [M]. 重庆：重庆大学出版社，2021.

[4] 刘辉 . 信息可视化设计 [M]. 沈阳：辽宁美术出版社，2014.

[5] Manuel Lima. 视觉繁美：信息可视化方法与案例解析 [M]. 杜明翰，陈楚君，译 . 北京：机械工业出版社，2013.

[6] 陈冉，李方舟，林家阳 . 信息可视化设计 [M]. 杭州：中国美术学院出版社，2019.

**图书在版编目（CIP）数据**

信息可视化设计 / 王丹丹主编. --北京：中国人民大学出版社，2025.1. --（新编21世纪高等职业教育精品教材）. --ISBN 978-7-300-33534-6

Ⅰ. TP31

中国国家版本馆 CIP 数据核字第 2024C11J36 号

新编 21 世纪高等职业教育精品教材 · 电子与信息类

**信息可视化设计**

主　编　王丹丹

副主编　钱慧慧　赵文勇

Xinxi Keshihua Sheji

| | | | |
|---|---|---|---|
| **出版发行** | 中国人民大学出版社 | | |
| **社　　址** | 北京中关村大街 31 号 | **邮政编码** | 100080 |
| **电　　话** | 010-62511242（总编室） | | 010-62511770（质管部） |
| | 010-82501766（邮购部） | | 010-62514148（门市部） |
| | 010-62515195（发行公司） | | 010-62515275（盗版举报） |
| **网　　址** | http://www. crup. com. cn | | |
| **经　　销** | 新华书店 | | |
| **印　　刷** | 唐山玺诚印务有限公司 | | |
| **开　　本** | 787 mm×1092 mm　1/16 | **版　　次** | 2025 年 1 月第 1 版 |
| **印　　张** | 9.5 | **印　　次** | 2025 年 1 月第 1 次印刷 |
| **字　　数** | 208 000 | **定　　价** | 39.00 元 |